普通高等教育应用技术型院校艺术设计类专业规划教材　总主编/许开强　胡雨霞　章　翔

建筑装饰与工程制图

主　编　张宏玉　李　松

合肥工业大学出版社

普通高等教育应用技术型院校艺术设计类专业规划教材
教材编写委员会

总主编：

许开强　原湖北工业大学艺术设计学院　院长
　　　　现任武汉工商学院艺术与设计学院　院长

胡雨霞　湖北工业大学艺术设计学院　副院长

章　翔　武昌工学院艺术设计学院　院长

副总主编：

杜沛然　武昌首义学院艺术与设计学院　院长

蔡丛烈　武汉学院艺术系　主任

伊德元　武汉工程大学邮电与信息工程学院建筑与艺术学部　主任

徐永成　湖北工业大学工程技术学院艺术设计系　主任

朴　军　武汉设计工程学院环境设计学院　院长

编委会成员：（以姓氏首字母顺序排名）

陈　瑛　武汉东湖学院传媒与艺术设计学院　院长

陈启祥　原汉口学院艺术设计学院　院长

陈海燕　华中师范大学武汉传媒学院艺术设计学院　院长助理

何彦彦　武汉工商学院艺术与设计学院　副院长

何克峰　湖北工业大学艺术设计学院

况　敏　武汉设计工程学院艺术设计学院　院长

李　娇　武汉理工大学华夏学院人文与艺术系　常务副主任

刘　慧　武汉东湖学院传媒与艺术设计学院　教学副院长

序

　　劳动创造是人类进化的最主要因素。从蒙昧的石器时期到农耕社会，从延展机体的蒸汽革命到能源主导的电气时代，再扩展到今天智能驱动的互联网时代，人类靠不断地创造使自己成为世界的主人。吴冠中先生曾经说过：科学探索物质世界的奥秘，艺术探索精神情感世界的奥秘。艺术与设计恰恰是为人类更美好的物化与精神情感生活提供全方位服务的交叉应用学科。

　　当前，在产业结构深度调整、服务型经济迅速壮大的背景下，社会对设计人才素质和结构的需求发生了一系列的新变化……并对设计人才的培养模式提出了新的挑战。现在一方面是大量设计类毕业生缺乏实践经验和专业操作技能，其就业形势严峻；另一方面是大量企业难以找到高素质的设计人才，供求矛盾突出。随着高校连续十多年扩招，一直被设计人才供不应求所掩盖的教学与实践脱节的问题更加凸显出来，并促使我们对设计教学与实践进行反思。目前主要问题不在于设计人才的培养数量，而是设计人才供给、就业与企业需求在人才培养方式、规格上产生了错位。要解决这一问题，设计教育的转型发展是必然趋势，也是一项重要任务。向应用型、职业型教育转型，是顺应经济发展方式转变的趋势之一。李克强总理明确提出要加快构建以就业为导向的现代职业教育体系，推动一批普通本科高校向应用技术型高校转型，并把转型作为即将印发的《现代职业教育体系建设规划》和《国务院关于加快发展现代职业教育的决定》中强调的优先任务。

　　教材是课堂教学之本，是展开教学活动的基础，也是保障和提高教学质量的必要条件。不少高校囿于种种原因，形成了一个较陈旧的、轻视应用的课程机制以及由此产生的脱离社会生活和企业实践的教材体系，或以老化、程式化的教材结构维护以课堂为中心的教学方法。为此，组建各类院校设计专业骨干构成的作者团队，打造具有实践特色的教材，将促进师生的交流互动和社会实践，解决设计教学与实践脱节等问题，这也是设计教育改革的一次有益尝试。

　　该系列教材基于名师定制知识重点、剖析项目实例、企业引导技能应用的方式，实现教材"用心、动手、造物"的实战改革思路，如实构建"学用结合"的应用型人才培养模块。坚持实效性、实用性、实时性和实情性特点，有意简化烦琐的理论知识，采用实践课题的形式将专业知识融入一个个实践课题中。该系列教材课题安排由浅入深，从简单到综合；训练内容尽力契合我国设计类学生的实际情况，注重实际运用，避免空洞的理论介绍；书中安排了大量的案例分析，利于学生吸收并转化成设计能力；从课题设置、案例分析、参考案例到知识链接，做到分类整合、交互相促；既注重原创性，也注重系统性；整套教材强调学生在实践中学，教师在实践中教，师生在实践与交互中教学相长，高校与企业在市场中协同发展。该系列教材更强调教师的责任感，使学生增强学习的兴趣与就业、创业的能动性，激发学生不断进取的欲望，为设计教学提供了一个开放与发展的教学载体。笔者仅以上述文字与本系列教材的作者、读者商榷与共勉。

原湖北工业大学艺术设计学院院长
现任武汉工商学院艺术与设计学院院长
湖北工业大学学术委员会副主任

前言

本书按照高等院校环境艺术设计专业和其他相关专业的教学基本要求编写。全书共分七章，主要介绍了制图基本知识，投影的基本知识，点、直线、平面的投影，立体的投影，组合体的投影，轴测投影，建筑形体的表达方法，建筑工程图的识读，建筑装饰工程图，建筑住宅，酒店和别墅室内装饰工程图等内容。本书内容新颖，重点突出，详略得当，能理论联系实际，深入浅出，通俗易懂，可作为高等教育环境艺术设计专业的教学参考用书和建筑装饰行业设计、施工以及技术、管理人员的继续教育、岗位培训的教材和实用参考书。

编者

2017 年 5 月

目录
contents

第1章 概述

1.1 建筑装饰工程图的基本知识

建筑装饰工程图是一门新兴的、交叉的边缘学科，它不仅要求设计者具有相关的建筑工程知识，还必须具有装饰工程制图、建筑美学、人体工程学、环境心理学、环境物理学、环境保护学及环境美学、装饰材料学、装饰施工、装饰工程经济、建筑风水学等方面的知识。每一项室内装修工程都是一项比较复杂的综合性建设工程。所以，室内装饰装修工程的图样种类，既有建筑工程施工图样，也有家具、木制品施工图样、采暖通风管线施工图样，电气安装图样等。

装饰工程施工图是按照装饰设计方案确定的空间尺度、构造做法、材料选用、施工工艺等，并遵照建筑及装饰设计规范所规定的要求编制的用于指导装饰施工生产的技术文件。装饰工程施工图同时也是进行造价管理、工程监理等工作的主要参考文件。

1.1.1 建筑室内装饰工程图的概念及作用

建筑装饰工程图是设计人员按照一定的投影原理，用各种线条、符号、文字和数字等给出的图样，用以表达设计思想、装饰结构、装饰造型及饰面处理要求等，并应遵照国家有关建筑及装饰设计的规范和标准。

首先，建筑室内装饰工程图是一项复杂的综合性室内设计工程。所以，室内装饰装修工程的图样种类繁多，既有平面图、立面图、天花图，也有家具、木制品施工图样、采暖通风管线施工图样、电器安装图样等。因此，建筑室内装饰工程图的第一个作用就体现其作为建筑室内装饰工程建设的依据。

其次，设计、生产、施工和监理所用的是同一套图样。为了使生产或施工者严格按照设计图样进行作业，从而充分体现设计者的意图，使施工有一个统一的技术规范，以保证施工作业的质量，故室内装饰工程图又起到一种技术语言的作用。

再者，室内装饰工程图在甲方（建设方、用户或者设计方）与乙方（设计方、生产方或施工方）之间形成一座"桥梁"，是合同双方对合同的艺术性、功能性、技术性以及质量要求和造价要求等的总和。

1.1.2 室内装饰工程图的特点

建筑室内装饰工程施工图的图示原理与房屋建筑工程施工图的图示原理相同，是用正投影方法绘制的用于指导施工的图样。装饰工程施工图反映的内容多、形体尺度变化大，通常选用一定的比例、采用相应的图例符号和标注尺寸、标高等加以表达，通常是在建筑设计的基础上进行的。由于设计深度的不同、构造做法的细化以及为满足使用功能和视觉效果而选用材料的多样性等，在制图和识图上装饰工程施工图有其自身的规律，如图样的组成、施工工艺及细部做法的表达等都与建筑工程施工图有所不同。其主要有室内总平面布置图、室内立面图、天花图及室内的各种立面效果图等。

建筑室内装饰图的室内平面布置图是在建筑平面图的基础上，按室内设计要素进行平面家具、设备、室内改造布局等布置。建筑室内立面图主要是表达建筑本身的立面、剖面、构造等的图样，包括室内的门窗、管线，构造设施的高度、宽度位置，室内墙面上的各种装饰设计以及表达建筑构造、材料详图等。

室内装饰结构施工图样是建筑室内结构的具体结构形式图样，有建筑室内结构施工图样，室内结构详图、家具布置及木工图样，水暖管线施工图样，电气安装施工图样等多种类型。

建筑室内的天花图也是建筑平面图的一种，多年以来在建筑装饰行业内部有一个约定俗成的画法，即为了画图的方便和更容易识读图样，天棚图样的绘制采用与室内地面图样相对应的同样视点的投影图，这样更容易与地面位置相对照，无论是制图还是识图都更加容易简便，这种画法称为"镜像画法"。

室内结构施工图样是表达建筑室内具体构造的图样，主要是建筑室内的各种局部的剖面、材料和工艺的表达。它主要有建筑室内的各种构造设施的垂直和水平剖面图样、局部剖面图样、建筑室内布局放大图样以及各种家具、室内设备、附属设施的陈设位置等多种。

1.2 建筑装饰工程图绘制的基本知识

建筑室内装饰工程图是室内装修工程技术的"语言"，它能够准确地表达室内装修的外形轮廓、尺寸大小、结构构造、装修做法等。故要求相关人员必须熟悉施工图的全部内容，包括在绘制施工图过程中用到的一些相关工具。

1.2.1 绘图仪器及工具

学习建筑装饰制图，必须了解制图工具和用品构造、性能及特点，熟练掌握它们正确的使用方法，并注意经常维护、保养，这是提高制图质量的前提条件。

制图工具

（1）绘图板

绘图板是一块专门用来固定图纸的长方

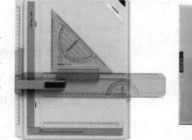

图1-1 绘图板

形木板，四周镶有硬木边框，如图1-1所示，它是制图的主要工具之一。绘图板板面要求平整，板的四边要求平直、光滑。图板应防止受潮、暴晒，以免翘裂。图板有不同的规格，用其制图时多用1号或2号图板。

（2）丁字尺

丁字尺由互相垂直的尺头和尺身组成，是用来画水平线的。使用时必须将尺头内侧紧靠绘图板左侧工作边，然后上下推动，并将尺身上边缘对准画线位置，用左手压紧尺身，右手执笔，从左到右画线。丁字尺尺头只能靠在绘图板左侧边，不能靠在绘图板的右边或上边、

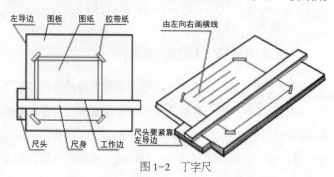

图1-2 丁字尺

下边使用，也不能在尺身的下边画线，如图 1-2 所示。

（3）三角板

三角板可与丁字尺配合使用画垂直线及各种角度倾斜线，用两块三角板配合，也可画出任意直线的平行线或垂直线，如图 1-3 所示。

（4）比例尺

建筑物的形体比图纸大得多，它的图形是根据实际需要和图纸大小，选用适当的比例将图形缩小绘出的。比例尺就是用来缩小（也可以用来放大）图形的绘图工具。目前常用的比例尺外形呈三棱柱体，上面有六种不同比例的刻度，画线时可以不经计算而直接从比例尺上量取尺寸，如图 1-4 所示。有的比例尺做成直尺状，上面有多种不同比例的刻度，称为比例直尺。

（5）圆规和分规

圆规是用来画圆和圆弧的工具，通常用的是组合式圆规。圆规一条腿为固定针脚，另一条腿上有插接构造，可插接铅芯插腿、墨线笔插腿及带有钢针的插腿等，分别用于绘制铅笔及墨线的圆或当作分规使用，如图 1-5 所示。

分规是用来等分线段和量取线段长度的工具。它的形状与圆规相似，只是两条腿均装有尖锥形钢针，如图 1-6 所示，使用时应注意把两针尖调平。

（6）绘图墨水笔

近年来，描图多使用绘图墨水笔（也称针管笔），这种笔的外形类似普通钢笔，有一次性使用的，可根据笔的粗细选择使用。绘图墨水笔按画线笔尖的粗细口径分为多种规格，可按不同线型粗细选用，如图 1-7 所示。

（7）曲线板

曲线板是用来绘制非圆弧曲线的工具之一，如图 1-8 所示。画曲线时，先要定出曲线上足够数量的点，徒手将各点轻轻地连成光滑的曲线，然后根据曲线弯曲趋势和曲率的大小，选择曲线板上合适的部分，沿着曲线板边缘，将该段曲线画出，每段至少要通过曲线上的三个点。而且在画好一段时，必须使曲线板与前一段中的两点或一定的长度相叠合。

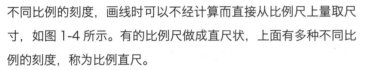

(a) 画水平线　　(b) 画垂直线　　(c) 画斜线

图 1-3　三角板

图 1-4　比例尺

图 1-5　圆规

图 1-6　分规

图 1-7 绘图墨水笔

图 1-8 曲线板

制图用品

（1）图纸

图纸有绘图纸和描图纸两种。

绘图纸用于画铅笔图或墨线图，要求纸面洁白，质地坚硬，橡皮擦后不易起毛。

描图纸（也称硫酸纸）专门用于墨水笔绘图，描绘的墨线图样即为复制蓝图的底图，要求纸张透明度好，画墨线时不晕，表面平整挺括。为了便于图纸的装订、查阅和保存，满足图纸现代化管理要求，图纸的大小规格应力求统一。工程图纸的幅面及图框尺寸，如表 1-1 所示。

表 1-1 工程图纸幅面及图柜尺寸

幅面尺寸 \ 横面代号	A0	A1	A2	A3	A4
b×1	841×1189	594×841	420×594	297×420	210×297
c	10			5	
a	25				

（2）绘图铅笔

绘图铅笔的型号以铅芯的软硬程度来区分。H 表示硬芯铅笔，数字愈大表示铅芯愈硬；B 表示软芯铅笔，数字愈大表示铅芯愈软；HB 表示中等软硬铅笔。通常用 H ～ 3H 铅笔画底稿，用 B ～ 3B 铅笔画深图线，HB 铅笔用于注写文字及数字等。

（3）其他用品

① 绘图墨水　用于绘图的墨水有碳素墨水和普通绘图墨水两种。碳素墨水不易结块，适用于绘图的墨水笔。

② 制图模板　为了提高绘图速度和质量，人们把图样上常用的一些符号、图例和比例等刻画在有机玻璃的薄板上，制成模板使用。目前有很多专业型的模板，如图 1- 9 所示，为装潢绘图模板。

1.2.2 绘图标准

图线的画法要求

(1) 对于表示不同内容的图线，其宽度（线宽）b 宜从下列线宽系列中选取：1.4mm、1.0mm、0.7mm、

0.5mm、0.35mm、0.25mm、0.18mm、0.13mm，图线宽度不应小于0.1mm。每个图样应根据复杂程度与比例大小，先选定基本线宽b为粗线，然后按0.7b、0.35b、0.18b，确定中粗线、中线和细线的宽度。在绘图时选用粗、中粗、中、细线搭配面形成一组线宽组。

在同一张图纸内，相同比例的各图样，应选用相同的线宽组。图纸的图框和标题栏线，可采用如表1-2所示的线宽。

(2) 相互平行的直线，其净间隙或线中间隙，不宜小于0.7mm，如图1-10所示。

(3) 虚线、单点长画线或双点长画线的线段长度和间隔，宜各自相等，如图1-11所示。

(4) 单点长画线或双点长画线，在较小图形中绘制有困难时，可用实线代替。

单点长画线或双点长画线的两端，不应是点。点画线与点画线交接或点画线与其他图线交接时，应是线段交接，如图1-12所示。

(5) 虚线与虚线交接或虚线与其他图线交接时，应是线段交接。虚线为实线的延长线时，不得与实线连接，如图1-13所示。

(6) 图线不得与文字、数字或符号重叠、混淆，不可避免时，应先保证文字的清晰。

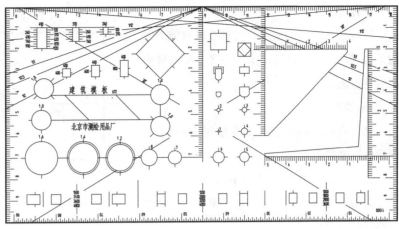

图1-9 绘图模板

表1-2 线宽组

线宽比	线宽组 (mm)					
b	2.0	1.4	1.0	0.7	0.5	0.35
0.5b	1.0	0.7	0.5	0.35	0.35	0.18
0.25b	0.5	0.35	0.25	0.18	—	—

注：1. 需要微缩的图纸，不宜采用0.18mm及更细的线宽。
　　2. 同一张图纸内，各不同线宽中的细线，可统一采用的线宽组的细线。

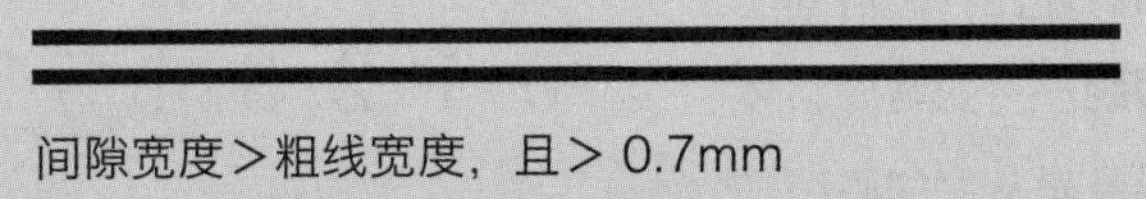

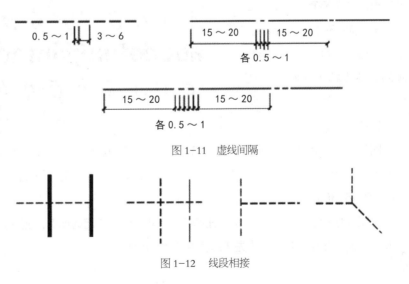

间隙宽度>粗线宽度，且>0.7mm

图1-10 图线间隙

图1-11 虚线间隔

图1-12 线段相接

字体

工程图上书写的文字、数字及符号等，均应笔画清晰、字体端正、排列整齐，标点符号应清楚正确。

(1) 文字

图样及说明中的文字，宜采用长仿宋体（矢量字体）或黑体。

同一字体种类不应超过两种。长仿宋体的宽度与高度的关系应符合规定，黑体字的宽度与高度应相同。

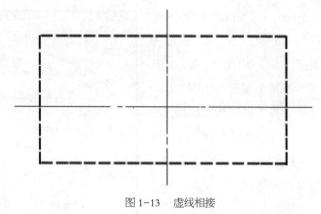

图1-13　虚线相接

大标题、图册封面、地形图等中的文字，也可书写成其他字体，但应易于辨认。字体的大小用字号表示，字号即为字的高度。

长仿宋体的字高与字宽的比例大约为 3：2，汉字的高度应不小于 3.5mm。初学者应写好长仿宋字。为了保证字体的大小一致，整齐匀称，初学长仿宋体时应先打格，然后书写，如图 1-14 所示。

仿宋字的书写要领是：横平竖直、起落分明、粗细一致、钩长锋锐、结构均匀、充满方格。

(2) 数字和字母

数字和字母在图样上的书写分直体和斜体两种，但同一张纸上必须统一，如写成斜体字，其倾斜度是从字的底线逆时针向上倾斜 75°。在汉字中的阿拉伯数字、罗马数字或拉丁字母，其字高宜比汉字字高小一号，但应不小于 2.5mm。倾斜字体的高度与宽度应与相应的直体字相等，如图 1-15 所示。

图1-14　仿宋字

0123456789ABCDEF

0123456789

I II III IV V VI VII VIII IX X

ABCDEFGHIJKL

abcdefghijklmnopqrstuvwxyz

α β γ δ ε ζ η θ φ ψ ω λ

图1-15　仿宋数字与字母

比例

图形与实物相对应的线性尺寸之比称为图样的比例。比例的大小，是指其比值的大小。如图样上某线段长为 0.36m，而实物上与其对应的线段长为 36.00m，那么它的比例为：图样上的线段长度 / 实物上的长度 =0.36/36.00=1/100。

工程图中的各个图形，都应分别注明其比例。绘图所用的比例，应根据图样的用途与被绘对象的复杂程度，从表 1-3 中选用，并优先选用表中的常用比例。

表1-3 比例

图名	常用比例
总体规划图	1 : 2000, 1 : 5000, 1 : 10000, 1 : 25000
总平面图	1 : 500, 1 : 1000, 1 : 2000
建筑平立剖面图	1 : 50, 1 : 100, 1 : 200
建筑局部放大图	1 : 10, 1 : 20, 1 : 50
建筑构造详图	1 : 1, 1 : 2, 1 : 5, 1 : 10, 1 : 20

比例应以阿拉伯数字表示，如1 : 1、1 : 2、1 : 100等。比例一般注写在图名的右侧，其字高宜比图名小一号或二号。

尺寸标注

图样上的图形只能表示物体的形状，至于物体各部分的具体位置和大小，还必须在图上标注出物体的尺寸作为施工的依据。尺寸标注要求完整、准确、清晰、整齐。

（1）尺寸的组成

图样上的尺寸由尺寸界限、尺寸线、尺寸起止符号和尺寸数字组成。

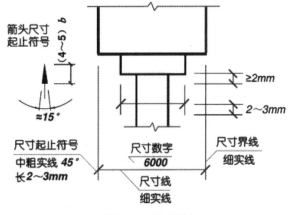

图1-16 尺寸标注

尺寸界线应用细实线绘制，一般应与被注长度垂直，其一端应离开图样轮廓不小于2mm，另一端宜超出尺寸线2～3mm，图样轮廓线可用作尺寸界限。

尺寸线应用细实线绘制，应与被注长度平行。图样本身的任何图线均不得用作尺寸线。

尺寸起止符号一般用中粗斜短线绘制，其斜度方向应与尺寸界限成顺时针45°，长度宜为2～3mm。半径、直径、角度与弧度的尺寸起止符号，宜用箭头表示，其形式如图1-16所示。

图样上的尺寸，应以尺寸数字为准，不得从图中直接量取。尺寸单位，除标高及总平面以米为单位外，其他一律以毫米为单位。

（2）圆、圆弧及角度的尺寸标注

① 小于或等于1/2圆周的圆弧通常标注半径尺寸，半径的尺寸线一端从圆心开始，另一端画箭头指到圆弧。半径数字前应加注半径符号

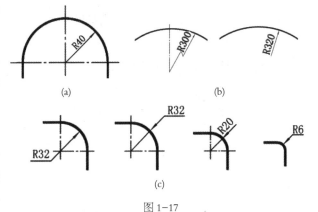

图1-17

"R"，如图1-17(a)所示。较小圆弧或较大圆弧尺寸的标注如图1-17(b)、图-17(c)所示。

② 完整的圆或大于 1/2 圆周的圆弧应标注直径尺寸，同时直径数字前应加直径符号"φ"。在圆内标注的尺寸线应通过圆心，两端画箭头指到圆弧，如图 1-18(a),1-18(b) 所示。

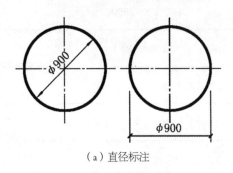

（a）直径标注

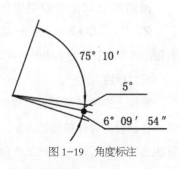

（b）直径标注

图 1-18

③ 标注角度时以角的两边作为尺寸界限，尺寸线应以圆弧表示。圆弧的圆心应是该角的顶点，起止符号应以箭头表示，如果没有足够的位置画箭头，可用圆点代替，角度数字应沿尺寸线方向注写，如图 1-19 所示。

（3）尺寸标注的注意事项

① 尺寸宜标注在图样轮廓以外，不宜与图线、文字及符号等相交。水平方向的尺寸数字，注写在尺寸线上方中部，字头应朝正上方。竖直方向的尺寸数字，注写在竖直尺寸线的左方中部，字头应朝左。如需标注时，图线应断开，令图内的尺寸数字清晰，如图 1-20(a)、图 1-20(b) 所示。

图 1-19　角度标注

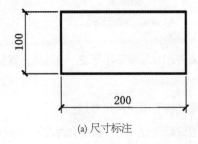

(a) 尺寸标注

图 1-20

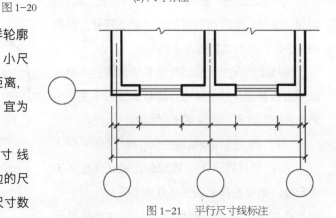

(b) 尺寸标注

② 互相平行的尺寸线，应从被注写的图样轮廓线由近向远整齐排列，应将大尺寸标在外侧，小尺寸标在内侧。尺寸线距图样最外轮廓之间的距离，不宜小于 10mm。平行排列的尺寸线的距离，宜为 7～10mm，并应保持一致，如图 1-21 所示。

③ 所有注写的尺寸数字应离开尺寸线 0.6～1mm。当尺寸界限距离较近时，最外边的尺寸数字可注写在尺寸界限的外侧，中间相邻的尺寸数

图 1-21　平行尺寸线标注

字可错开注写，如图 1-22 所示。

图线

　　建筑工程图中图线的粗细，视图样的比例大小和图中线条的疏密程度选用不同的线宽组。在同一张图纸内，相同比例的各图样，应选用相同的线宽组。为表示不同的内容，分清主次，图样需使用不同的线型及粗细的图线来绘制。如表 1-4 对各种图线的线型、线宽作了明确的规定。

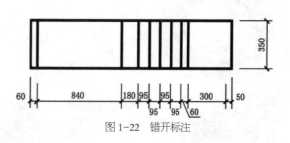

图 1-22　错开标注

表 1-4　线宽规定

名称		线形	线宽	一般用途
实线	粗		b	主要可见轮廓线
	中		0.5b	可见轮廓线
	细		0.25b	可见轮廓线、图例线
虚线	粗		b	见有关专业制图标准
	中		0.5b	不可见轮廓线
	细		0.25b	不可见轮廓线、图例线
单点长画线	粗		b	见有关专业制图标准
	中		0.5b	见有关专业制图标准
	细		0.25b	中心线、对称线等
观点长画线	粗		b	见有关专业制图标准
	中		0.5b	见有关专业制图标准
	细		0.25b	假想轮廓线、成型前原始轮廓线
折断线			0.25b	断开界线
波浪线			0.25b	断开界线

第 2 章 视图知识

在日常生活中，我们常看到人或物体在灯光和日光照射下，会在地面、墙面或其他物体表面上产生影子。这种影子通常能在某种程度上显示出物体的形状和大小，并随光线照射方向等的不同而变化。但只能反映物体某一面的外形轮廓，而其他几个侧面的轮廓却未反映出来，于是人们根据这一现象，经过几何抽象创造了投影法，并用它来绘制工程图样。

2.1.1 投影法分类

（1）投影、投影法和投影图

在投影理论中，把发出光线的光源称为投影中心；光线称为投影线；落影的平面称为投影面；组成的影子能反映物体形状的内、外轮廓线称为投影。用投影表示物体的形状和大小的方法称为投影法；用投影法画出的物体的图形称为投影图。综上所述，投影图的形成过程，如图 2-1 所示。

（2）投影的分类

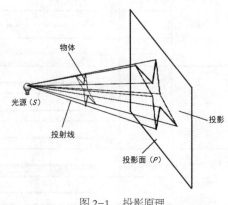

图 2-1　投影原理

投影分中心投影和平行投影两大类。

① 中心投影　由一点发出投射线投射物体所形成的投影，称为中心投影，如图 2-2(a) 所示。中心投影的特性是：投射线相交于一点 S，投影的大小与物体离投影面的距离有关。在投射中心点 S 与投影面距离不变的情况下，物体离点 S 愈近，投影愈大，反之愈小。

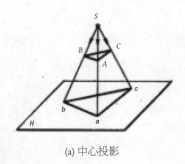

(a) 中心投影

(b) 平行投影

图 2-2

② 平行投影　由相互平行的投影线投影物体所形成的投影，称为平行投影。平行投影图形的大小与物体离投影面的距离无关。根据投影线和投影面的夹角不同，平行投影又分为正投影和斜投影两种，如图2-2（b）所示。平行投影线垂直于投影面时所得的投影，称为正投影；平行投影线倾斜于投影面时所得的投影，称为斜投影。

2.1.2 正投影的特性

（1）正投影及其表达

在正投影条件下使物体的某个表面平行于投影面，则该面的正投影可反映其实际形状，标尺上的尺寸可知其大小。所以，一般工程图样都选用正投影原理绘制，用正投影法绘制的图样称为正投影图。在正投影图中，习惯上将可见的内、外轮廓线画成粗实线；不可见的孔、洞、槽等轮廓线画成细虚线，如图2-3所示。

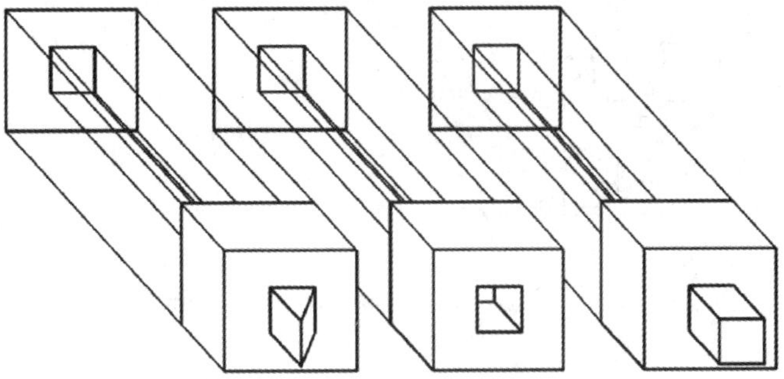

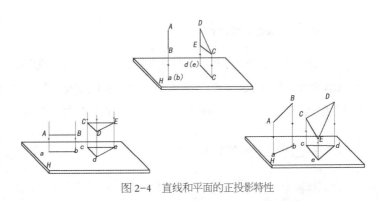

图2-3　正投影图

（2）直线和平面的正投影特性

① 积聚性　当空间的直线和平面垂直于投影面时，直线的投影变为一个点，平面的投影变为一条直线，如图2-4所示。这种具有收缩、积聚性质的正投影特性称为积聚性。

图2-4　直线和平面的正投影特性

② 显实性　当直线和平面平行于投影面时，它们的投影分别反映实长和实形，如图2-4所示。在正投影中具有反映实长或实形的投影特性称为显实性。

③ 类似性　当直线与平面均倾斜于投影面时，如图2-4所示，直线的投影都比实长缩短；平面的投影比原来的实际图形面积缩小，但仍反映其原来图形的类似形状，在正投影中这种特性称为类似性。

2.2 投影图

从正面投影的概念可以知道，当确定投影方向和投影面后，一个物体便能在此投影面上获得唯一的投影图，但这个正投影图并不能反映该物体的全貌，通常必须建立一个三面投影体系，才能准确、完整地描述一个物体的形状。

2.2.1 物体的三面投影

要确定某物体的整体形状需用三个投影面，在建立的三面正投影体系中放入一个物体，根据正投影的概念，只有当平面平行于投影面时，它的投影才能反映实形，所以我们将物体的底面平行于 W 面，正面平行于 V 面，侧面平行于 H 面。采用三组不同方向的平行投影线向三个投影面垂直投影，在三个投影面上分别得到该物体的正投影图，我们称之为三面正投影图，如图 2-5 所示。由于这三个投影图与我们视线的方向一致，因此在制图中常简称为三视图。H 投影面上的投影图，称为水平投影图或俯视图；V 投影面上的投影图，称为水平投影图或正视图；W 投影面上的投影图，称为侧面投影图或侧视图。

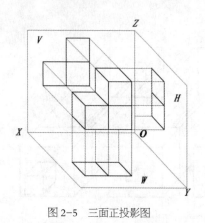

图 2-5　三面正投影图

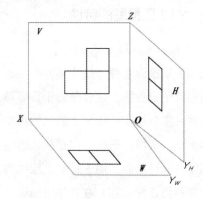

图 2-6　三个投影图展开

2.2.2 三面投影图展开

为了使三个投影面处于同一个图纸平面上，我们把三个投影面展开。规定 V 面始终保持不动，首先将 H 面绕 OX 轴向下旋转 90°，然后将 W 面绕 OZ 轴向右旋转 90°，最终使三个投影图位于一个平面上。此时，OY 轴线分解成 OY_W、OY_H 两根轴线，它们分别于 OX 轴 OZ 轴处于同一直线上，如图 2-6 所示。

2.2.3 三面投影图的特性

正面投影 (V)、水平投影 (H) 和侧面投影 (W) 组成三面投影图。

① 正面投影与水平投影长对正。

② 正面投影与侧面投影高平齐。

③ 水平投影与侧面投影宽相等。

这种关系称为三面投影图的投影定律，简称三等定律。从中指出：三等定律不仅适用于物体总的轮廓，也适用于物体的局部。

位置对应

从图 2-7 中可以看出：物体的三面投影图与物体之间的位置对应关系为：

① 正面投影反映物体的上、下、左、右的位置。

② 水平投影反映物体的前、后、左、右的位置。

③ 侧面投影反映物体的上、下、前、后的位置。

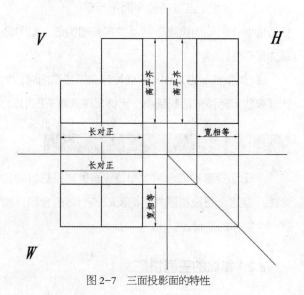

图 2-7　三面投影面的特性

2.2.4 画三面投影图

（1）作图方法与步骤

① 先画水平和垂直十字相交线，表示投影轴，从 O 点作一条向右下斜的 45°线，如图 2-8(a) 所示。

② 根据"三等"关系，正立投影图和水平投影图的各个相应部分用铅垂线对正（等长）；正立投影图和侧投影图的各个相应部分用水平线拉齐（等高），在水平投影图上向右引水平线，交到 45°线后再向上引铅垂线，把水平投影图的宽度反映到侧投影图中去，如图 2-8(b) 所示。

③ 水平投影图和侧投影图具有等高关系，将侧投影补充完整，如图 2-8(c) 所示。

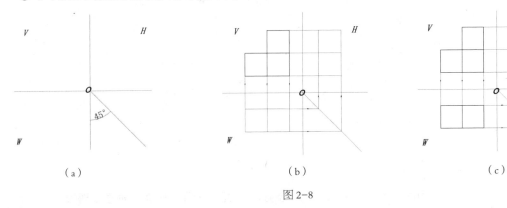

（a）　　　　　　　　　　（b）　　　　　　　　　　（c）

图 2-8

④ 三个投影图与投影轴的距离，反映了物体和三个投影面的距离。制图时，只要求各投影图之间的相应关系正确，图形与轴线的距离可以灵活安排。在实际工程图中，一般不画出投影轴，各投影图的位置也可以灵活安排，有时还可以将投影图画到不同的图纸上。三面正投影的其他画法，如图 2-9 所示。

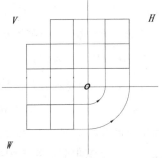

图 2-9　用圆弧画三面正投影图

（2）正投影图中常用的符号

为了作图准确和便于校对，作图时可把所画物体上的点、线、面用符号标注。

实物上的点用 A、B、C、D……表示，面用 P、Q、R……表示；水平投影的点用 a、b、c、d……，1、2、3、4……表示，面用 p、q、r 表示；正立投影的点用 a'、b'、c'、d'……，$1'$、$2'$、$3'$、$4'$……表示，面用 p'、q'、r'……表示；侧投影的点用 a''、b''、c''、d''……，$1''$、$2''$、$3''$、$4''$……表示，面用 p''、q''、r''……表示。直线不另注符号，即用直线两端点的符号，如 AB 直线的正立投影是 a' b'。

2.3 点的投影

任何形体的表面都是由点、线、面等几何元素所组成的。因此，点是组成空间形体最基本的几何元素，所以研究物体的投影问题应先从研究点的投影开始。

2.3.1 点的三面投影形成

过空间一点 A 向投影面 W 作垂直投射线，投射线与投影面相交于点 a，则点 a 就是空间点 A 在 W 投影面上的投影,如图 2-10(a) 所示。一般情况下,为区别空间点及其投影,在投影法中规定:空间点用大写字母表示,如 A、B、C...,点的投影用对应的小写字母表示,如 a、b、c...

点的三面投影

在 Aa 投射线上假设有两点 A_1、A_2 的投影 a_1、a_2 与点 A 的投影 a 重合为一点,可见空间点在一个投影面上的投影,不能唯一确定该点在空间的位置。为此,需要另设一个正投影面 V,使 V 面与 H 面互相垂直,组成点的两面投影体系,V 面与 H 面的交线为投影轴 OX。如图 2-10(b) 所示。

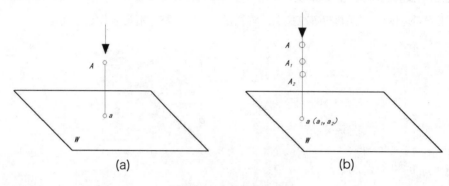

(a)   (b)

图 2-10   点的投影的形成

如图 2-11 所示,在两面投影体系中,过点 A 分别向 W 面、V 面及 H 面作垂直投射线,与 H 面、V 面及 W 面分别相交于点 a、a' 及 a''。在投影法中用相应小写字母右上角加一撇表示,a 为点 A 在 H 面的投影,称为点 A 的水平投影。a' 即为点 A 在 V 面上的投影,称为点 A 的正面投影。a'' 为点 A 在 W 面上的投影,称为点 A 的侧面投影。

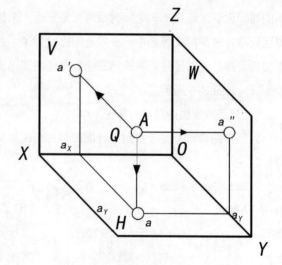

过点 A 的三条投射线 Aa、Aa' 和 Aa'' 确定了一个平面 Q。因为 Q 面既垂直于 W 面,又垂直于 V 面,又知 W 面和 V 面是互相垂直的,所以它与 W 面和 V 面的交线 aa_x 和 $a'a_x$ 也就互相垂直,并且 aa_x 和 $a'a_x$ 还同时垂直于 OX 轴,并相交于点 a_x。这就证明四边形 Aaa_xa' 与 Aaa_ya'' 是矩形。由此得知:$a'a_x=Aa=a''a_Y$; $aa_x=Aa'$; $Aa''=aa_Y$。又因为线段 Aa 表示点 A 到 W 面的距离,而线段 Aa' 表示点 A 到 V 面的距离,由此可知:

线段 Aa= 点 A 到 H 面的距离;

线段 $a'a_x$= 点 A 到面 W 的距离;

线段 aa_x= 点 A 到 V 面的距离。

图 2-11   点的三面投影图

2.3.2 点的三面投影规律

如图 2-12 所示,作出点 A 在 W 面上的投影,从点 A 向 W 面垂直投射线,所得垂足即为点 A 的侧面投影或成 W 面投影,用字母 a_w 表示。把三个投影面展开在一个平面上时,仍使 V 面保持不动,H 面绕 OX

轴向下旋转 90°,W 面绕 OZ 轴向后旋转 90°，得到点的三面投影图。按前述点的两面投影特性，同理可分析出点在三面投影体系中的投影规律：

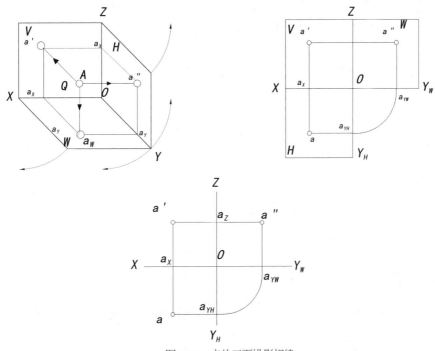

图 2-12　点的三面投影规律

① 点 A 的 V 面投影 a′ 和点 A 的 H 面投影 a 的连线垂直于 OX 轴，即 aa′⊥OX

② 点 A 的 V 面投影 a′ 和点 A 的 W 面投影 a″ 的连线垂直于 OZ 轴，即 aa″⊥OZ

③ 点 A 的 H 面投影到 OX 轴的距离等于该点的 W 面投影到 OZ 轴的距离，即 aax=a″az，它们都反映该点到 V 面的距离。

根据以上点的投影特性，点的每两个投影之间都存在一定的联系。因此，只要给出一点的任意两个投影，便可以求出其第三投影。已知点 A 的水平投影 a 和正面投影 a′，求其侧面投影 aa″，如图 2-13 所示。

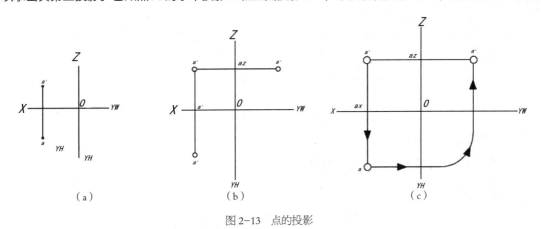

（a）　　　　　　　　（b）　　　　　　　　（c）

图 2-13　点的投影

2.4 直线的投影

由几何学可知，直线上的空间位置可以由直线上任意两点来确定，因此，直线的投影可通过直线上任意两点的投影决定。求作直线的投影，只要做出直线上任意两点的投影，把两点的同面投影连接，就是直线在该投影面上的投影，如图 2-14 所示。两点确定一条直线，将两点的同名投影用直线连接，就可以得到直线的同名投影。

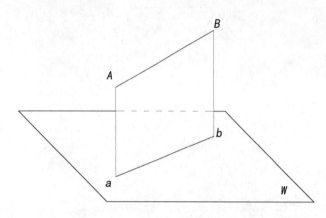

图 2-14　直线投影的形成

2.4.1 直线的相对位置

一般位置的直线投影特点，如图 2-15 所示，直线 AB 与三个投影面都倾斜，它与投影面 H、V、W 分别有一倾角，这种直线称为一般位置直线，简称一般直线。

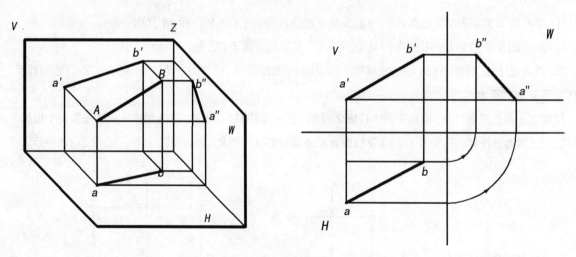

图 2-15　一般位置直线的投影

一般位置直线的投影特点如下：

① 一般位置直线在三个投影面上的投影均倾斜于投影轴。

② 一般直线的投影轴的夹角，均不反映空间直线对投影面的倾角。

③ 一般直线的投影长度均小于实长。

一般位置直线的实长及其对投影面的倾角

由一般位置的投影特点可以得知，直线的投影不反映实长，投影与投影轴的夹角也不反映空间直线对投影面的倾角。

2.4.2 直线的投影规律

分析图 2-16，可以归纳出直线的投影规律：

① 直线平行于投影面，其投影是直线，反映实长，如图 2-16(a) 所示。

② 直线垂直于投影面，其投影积聚为一点，如图 2-16(b) 所示。

③ 直线倾斜于投影面，其投影仍然是直线，但长度缩短，不反映实长，如图 2-16(c) 所示。

④ 直线上一点的投影，必在该直线的投影上，如图 2-16 所示。

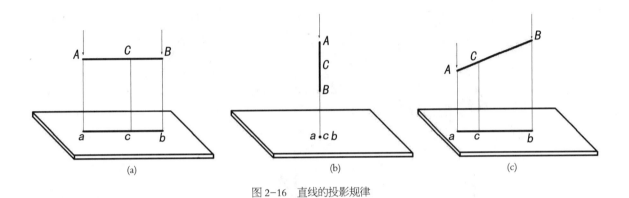

图 2-16　直线的投影规律

2.5 平面的投影

2.5.1 平面的表示法

平面的表示方法有以下几种，如图 2-17 所示。图 2-17(a)：不在同一直线的三个点；图 2-17(b)：一直线和线外一点图；图 2-17(c)：两相交直线；图 2-17(d)：两平行直线；图 2-17(e)：任意平面图形。

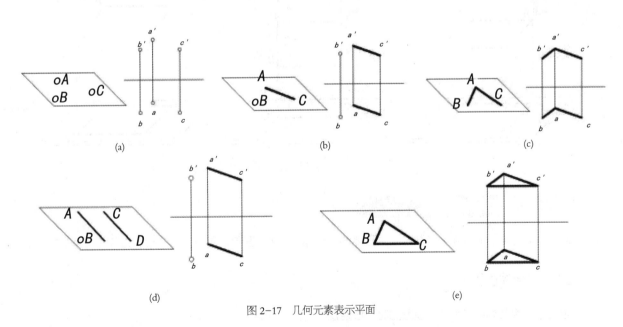

图 2-17　几何元素表示平面

以上五种平面的表示方法，称为几何元素表示法。这几种方法所表示的平面位置是唯一的，而且可以相互转换，后四个方法由一种基本方法转化而来。

2.5.2 各种位置平面的投影规律

空间平面在三面投影体系中的位置可以划分为三种情况：

①平面倾斜于投影面，投影变形，面积缩小，如图2-18所示。

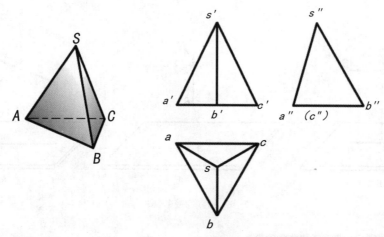

图2-18　平面的投影规律

②平面平行于投影面，投影反映平面实形，即形状大小不变，如图2-19所示。

③平面垂直于一个投影面，投影积聚为直线，如图2-19所示。

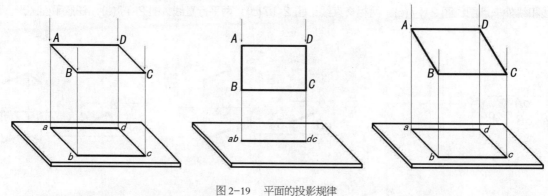

图2-19　平面的投影规律

2.6 组合体的投影图

建筑制图经常遇到的物体多数是简单形体的组合体，现从制图和识图两方面分析长方体组合体的投影。

2.6.1 组合体的画法

画长方体组合体的三面体正投影图时，应注意分析两个问题：

① 分析物体上各个面和投影面的关系。

② 可以把形状复杂的物体分解为若干个简单形状，分析局部与整体之间的相互位置关系。画图时只要将各简单形体的正投影按它们的相互位置连接起来即可。

组合体投影图的画图步骤：

① 选比例，定图幅　完成组合体形体分析并选择好正面投影后，开始画投影图底稿。首先根据组合体尺寸的大小确定绘图比例，再根据视图大小及投影图所需数量确定图纸幅面，画出图框和标题栏。

② 画底稿　画底稿前，应根据图形大小以及标注尺寸的位置，合理布置图画。画底稿的顺序按形体分析的结果进行。可先画作图基线，如各视图的对称中心线、底面和端面线、外形轮廓线等，以确定各视图位置，然后根据形体分析依次画出组合体各组成部分的投影。一般按先主体后局部、先外形后内部、先曲线后直线的顺序。如果组合体是叠加而成，则可根据叠加顺序，由上而下或由下而上地画出各基本形体的投影，进而画出整个组合体的投影；如果组合体是切割而成，应先画出切割前的形体投影，然后按切割顺序，依次画出切去部分的投影，最后完成组合体的投影。

在画图过程中，应注意各组成部分的三个投影必须符合投影规律，画每个基本形体时，先画其最具形体特征的投影，再画另外两个投影。画底稿时，底稿线要清晰、准确。当底稿完成后，应认真审核。

③ 加深图线　校核无误后，擦去多余线条，即可加深、加粗图线。图线加深的顺序：先曲后直，先水平后铅垂，最后加深斜线。水平线从上到下、铅垂线从左到右依次完成。

完成后的投影图应做到布图均衡、内容正确、线形分明、线条均匀、图面整洁，字体工整、符合绘图标准。

例：如图2-20所示，盥洗池的三面投影图。

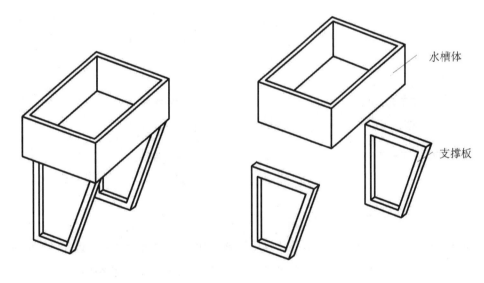

图2-20

分析：如图2-20所示。该盥洗池由池体和支撑板两大部分组成。池体是由一个大长方体从中间切去一块略小的长方体，形成一个水槽，下方支撑板是两个空心的梯形柱。

相对位置关系：在池体底部左右对称地叠加两块支撑板，支撑板与上部池体后侧面平齐，左右侧面不平齐。

作图步骤：

（1）选择正面投影。让盥洗池按正常位置安放，根据正常使用习惯，以水池的正前方向为正面投影。

（2）作投影图。具体步骤，如图 2-21 所示，先画底稿，画时应注意：三个投影图的各组成部分应互相对应画出，注意不要遗漏不可见孔、洞、槽的虚线。底稿画完后，进行校核，擦去多余的线条，如有错误或遗漏，立即改正。加深复核，完成全图。

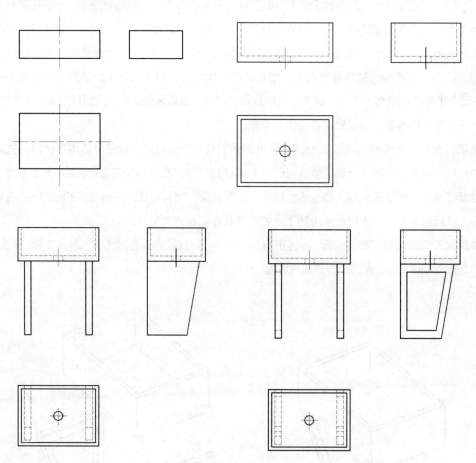

图 2-21　水槽作图步骤

2.6.2 组合体的尺寸标注

组合体的投影图，虽然已经清楚地表达了物体的形状和各部分的相互关系，但还需要反映物体的大小和各部分的相对位置。在实际工程中，没有尺寸的投影图不能用来指导施工和制作。

（1）组合体的尺寸组成

组合体尺寸由三部分组成：定形尺寸、定位尺寸和总尺寸。

① 定形尺寸　确定组合体各组成部分的形状、大小的尺寸称为定形尺寸。它通常由长、宽、高三项尺寸来反映。

② 定位尺寸　确定组合体各组成部分之间的相对位置的尺寸称为定位尺寸。定位尺寸在标注之前首先要确定定位基准。所谓定位基准，就是某一方向定位尺寸的起始位置，通常以组合体的底面、侧面、对称中心线以及回转体的轴线等作为定位尺寸的基准。

③ 总尺寸 确定组合体总长、总宽、总高的尺寸称为总尺寸。

（2）组合体尺寸的标注方法

组合体尺寸标注前也需要进行形体分析，以便确定各基本形体的定形、定位尺寸。

下面以图 2-22 所示的盥洗池为例，说明组合体尺寸标注的方法和步骤。

标注各基本形体的定形尺寸，该盥洗池由池体和支撑体两大部分组成。池体的定形尺寸有：长 620mm，宽 450mm，高 250mm；池壁的定形尺寸有：壁厚 25mm，底板厚 40mm，圆柱形孔直径 70mm；支撑板的定形

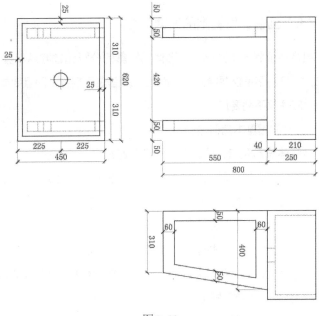

图 2-22

尺寸有：厚 50mm，上宽 400mm，下宽 310mm，高 550mm，上下横梁的高 60mm，前后支撑柱的宽 50mm。

① 标注各基本形体的定位尺寸

先定基准：长度方向以池体的左侧面或右侧面（盥洗池左右对称）为定位基准；宽度方向以池体的后侧面为定位基准；高度方向以地面为定位基准；这样一来，池体的长度、宽度方向不需要定位尺寸，高度方向的定位尺寸为 550mm（即支撑板的高），排水孔的长度方向的定位尺寸为 320mm，宽度方向的定位尺寸为 225mm，支撑体后侧面与宽度方向基准重合，长度方向的定位尺寸为两个 50mm（左右对称），420mm 是两支撑板之间的位置尺寸。

② 标注总尺寸 盥洗池的总长、总宽即为池体的定形尺寸 620mm、450mm，总高为 800mm，是池体与支撑板高度之和。

（3）尺寸标注应注意的几个问题

组合体投影图的尺寸不但要标注齐全，而且要标注整齐、清晰，便于阅读。标注组合体尺寸时，除应遵守尺寸标注的基本规定外，还应注意以下几点：

① 尺寸标注要齐全但不重复。以上三种尺寸可能重复，只需标注一次；一个方向的尺寸只在一个投影图中标注即可。

② 为了使图面清晰，尺寸应标注在图形之外，并布置在两个投影之间。但有些小尺寸，为了避免引出标注的距离太远，也可标注在图形之内。

③ 应尽可能地将尺寸标注在反映基本形体形状特征或实形的视图上。

④ 尽量避免在虚线上标注尺寸。

除满足上述要求外，工程形体的尺寸标注还应满足设计和施工要求。

2.6.3 组合体投影图的识读

组合体形状千变万化，从形体到投影的分析比较容易掌握，而由投影图想象空间形体的形状往往比较困难。学习制图不仅要学会用三面正投影图表示实物，而且要能够从三面正投影图中看出实物的立体形状。识图时应注意下列要点：

（1）掌握基本几何体的投影特征

组合体投影是点、线、面、体投影的综合，所以在了解组合体投影图之前一定要掌握三面投影规律，熟悉形体的长、宽、高三个向度和上下、左右、前后六个方向在投影图上的对应关系，熟练掌握简单形体的投影特性，这些是识读组合体投影图必备的基本知识。

（2）综合各个视图进行分析

在一般情况下，物体的形状通常不能只根据一个投影图来确定。有时两个投影图也不能确定物体的形状，只有把三个投影图联系起来进行分析，才能想象出物体的空间形状。

（3）找出形体的特征投影

能使某一形体区别于其他形体的投影，称为该形体的特征投影（或特征轮廓）。找出特征投影后，就能通过形体分析和线面分析，进而想象出组合体的形状。

习题

（1）参照轴测图，补画视图中所缺的图线，如图 2-23 所示。

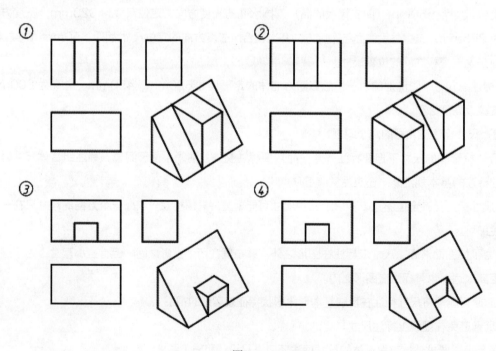

图 2-23

(2) 看视图，想象物体的形状，补画视图中所缺的图线，如图 2-24 所示。

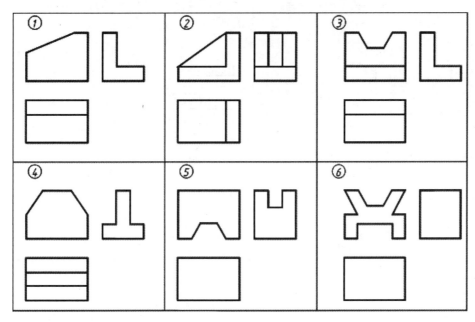

图 2-24

(3) 补画平面的第三投影，并判断平面的空间位置，如图 2-25 所示。

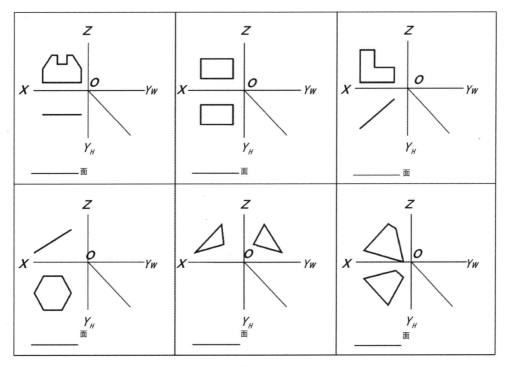

图 2-25

（4）补画以下平面基本体的第三视图，如图2-26所示。

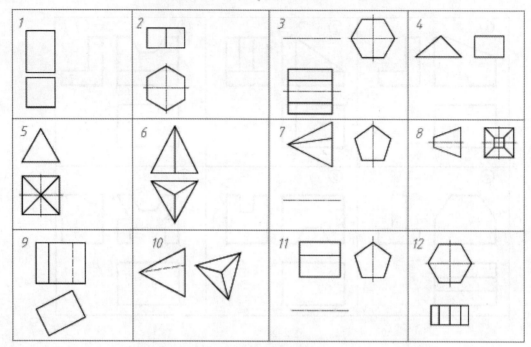

图2-26

第3章 轴测投影

3.1 轴测投影的基本概念

三面投影图能完整地表达一个形体，具有作图简便等优点，在工程中被广泛运用。但由于三面投影图分别表示物体一个面和两个方向的尺寸，因而缺乏立体感使图样不够直观，往往给读图带来一定的难度。如图 3-1(a) 所示，是一个多面体的正投影图，如果用轴测投影法绘制，如图 3-1(b) 所示，便很容易被识读。轴测投影图富于立体感，直观性较强，但绘制较烦琐，故常被用来作为辅助图样，表达建筑室内的空间分隔及家具布置等。

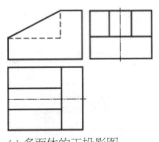

(a) 多面体的正投影图

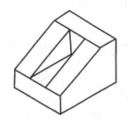

(b) 多面体的轴测投影

图 3-1

3.1.1 轴测投影的形成

三面正投影图是将物体放在三个互相垂直的投影面之间，用三组分别垂直于各投影面的平行投射线进行投影得到的。轴侧投影图则是用一组平行投射线将物体连同三个坐标轴连在一起投在一个新的投影面上得到的。在轴侧投影图中，物体三个方向的面都能同时反映出来，如图 3-2 所示。

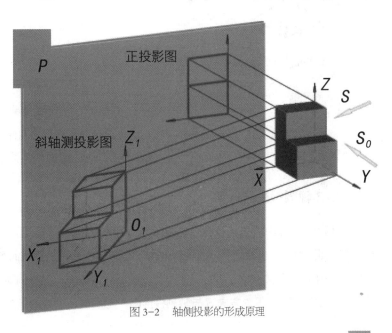

图 3-2　轴侧投影的形成原理

（1）轴测轴和轴间角

建立在物体上的坐标轴在投影面上的投影叫作轴测轴，轴测轴间的夹角叫做轴间角。物体上 OX、OY、OZ 称为坐标轴；投影面上 O_1X_1，O_1Y_1，O_1Z_1 称为轴测轴。$\angle X_1O_1Y_1$，$\angle X_1O_1Z_1$，$\angle Y_1O_1Z_1$ 称为轴间角，如图 3-3 所示。

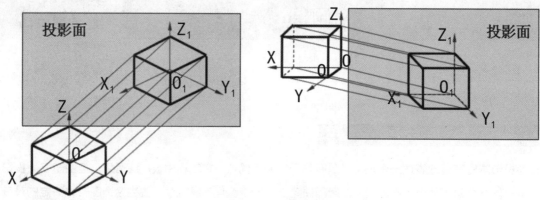

图 3-3　轴测投影图

（2）轴向伸缩系数

物体上平行于坐标轴的线段在轴测图上的长度与实际长度之比叫作轴向伸缩系数。如图 3-4 所示，$O_1A_1: OA=P$ 为 X 轴轴向伸缩系数，$O_1B_1: OB=q$ 为 Y 轴轴向伸缩系数，$O_1C_1: OC=r$ 为 Y 轴轴向伸缩系数。

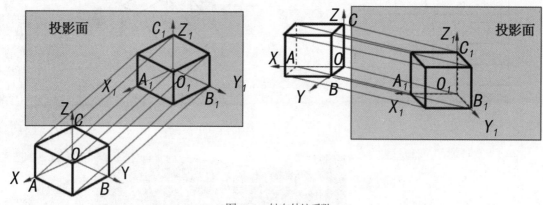

图 3-4　轴向伸缩系数

$$O_1A_1: OA=P \quad X \text{ 轴轴向伸缩系数}$$

$$O_1B_1: OB=q \quad Y \text{ 轴轴向伸缩系数}$$

$$O_1C_1: OC=r \quad Z \text{ 轴轴向伸缩系数}$$

3.1.2 轴测投影的分类

（1）按投射线与投影面是否垂直分为：正轴测图、斜轴测图

① 正轴测图　当轴测投影的投射方向 S 与轴测投影面 P 垂直时所形成的轴测投影称为"正轴测投影"，如图 3-5(a) 所示。

② 斜轴测图　投影方向 S 与轴测投影面 P 倾斜时所形成的轴测投影称为"斜轴测投影"，如图 3-5(b)

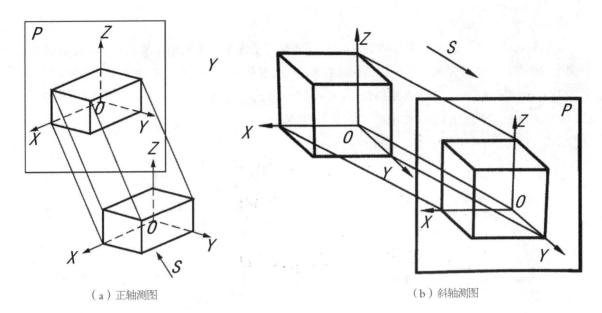

（a）正轴测图　　　　　　　　　（b）斜轴测图

图 3-5

所示。在斜轴测中投射线与轴测投影面斜交，使物体的一个面与轴测投影面平行，这个面在图中反映实形。在正轴测中，物体的任意一个面的投影均不能反映实形。所以当物体有一个面，形状复杂，曲线较多时，画斜轴测比较简便。

（2）按轴向伸缩系数的不同情况分为：等测、二测、三测

①正（斜）等测　三个轴向伸缩系数均相同的正轴测投影称为正等轴测投影 $p=q=r$。

②正（斜）二测　两个轴向伸缩系数相同的正轴测投影称为正二轴测投影 $p=q≠r$ 或 $p=r≠q$ 或 $q=r≠p$。

③正（斜）三测　三个轴向伸缩系数均不同的正轴测投影称为正三轴测投影 $p≠q≠r$。

（3）常用的轴测图为：正等测和斜二测

① 正等测（或称三等正轴测）

正等测是轴测图中最常用的一种。正等轴测图轴间角 $∠X_1O_1Y_1=∠Y_1O_1Z_1=∠X_1O_1Z_1=120°$。为作图简便，取简化轴向伸缩系数：$p=q=r=1$，如图 3-6 所示。

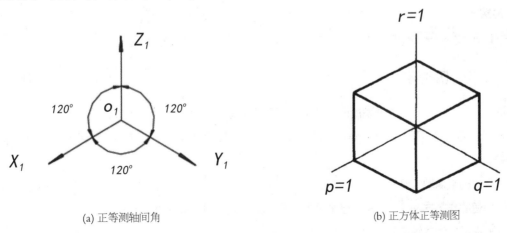

(a) 正等测轴间角　　　　　　　　　(b) 正方体正等测图

图 3-6

② 斜二测

在斜轴测投影中，通常将物体放正，即使 *XOZ* 坐标平面平行于轴测投影面 *P*，因而 *XOZ* 坐标平面上的任何图形在 *P* 平面上的投影都反映实形，称为正面斜轴测投影，其轴间角∠*XOZ*=90°，∠*XOY*=∠*YOZ*=135°，轴向伸缩系数 *p*= *r* =1，*q*= 0.5。作图时，一般使 *OZ* 轴处于垂直位置，则 *OX* 轴为水平线，*OY* 轴与水平线成 45°，如图 3-7 所示。

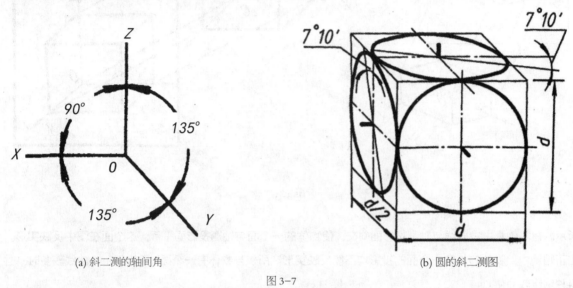

(a) 斜二测的轴间角　　　　　　　　　　　　　(b) 圆的斜二测图

图 3-7

3.1.3 轴测投影的特性

由于轴测图是平行投影，因此，轴测图同样具有前述平行投影的各种特性。

（1）平行性

空间平行的直线，其轴测投影仍平行，即原来与坐标轴平行的空间直线，其轴测投影一定平行于相应的轴测轴。

（2）定比性

空间平行的直线，其轴向伸缩系数相等。物体上与坐标轴平行的线段，与其相应的轴测轴具有相同的轴向伸缩系数，就是该线段的轴测轴投影长度，"轴测图"由此得名。

（3）显实性

空间与轴测投影面平行的直线或平面，其轴测投影均反映实长或实形。

3.1.4 轴测投影图的画法

① 作轴测图前，首先应了解清楚所画物体的三面正投影图或实物的形状和特点。

② 选择观看的角度，研究从哪个角度才能把物体表现清楚，可根据不同的需要而选择俯视、仰视、从左看或从右看。

③ 选择合适的轴测轴，确定物体的方位。

④ 选择合适的作图方法，常用的作图方法有：坐标法、叠加法、切割法、网格法等。

⑤ 加深图形线，完成轴测图。

3.2 正等轴测图

当投射方向 S 垂直于轴测投影面 P 时，形体上三个坐标轴的轴向变形系数相等，即三个坐标轴与 P 面倾角相等。此时在 P 面上所得到的投影称为正等轴测投影，简称正等测。

3.2.1 正等轴测图的画图参数

正等测的轴向伸缩系数 $p=q=r=0.82$，轴间角 $\angle X_1O_1Z_1 = \angle X_1O_1Y_1 = \angle Y_1O_1Z_1 = 120°$。画图时，规定把 O_1Z_1 轴画成铅垂位置，因而 O_1X_1 轴与水平线均成 $30°$ 角，故可直接用 $30°$ 三角板作图。为了简化作图，常将三个轴的轴向伸缩系数取为 $p=q=r=1$，以此代替 0.82，把系数 1 称为简化轴向伸缩系数。

3.2.2 基本立体正等轴测图画法

（1）画出图 3-8(a) 中正六棱柱的正等轴测图，作图步骤如图 3-8(b)、图 3-8(c)、图 3-8(d) 所示。

作图步骤：

① 六棱柱的左右、前后都对称，定出直角坐标轴。

② 画出轴测轴，沿 OX、OY 定出轴上各顶点。

③ 定出各顶点，并按顺序连线。

④ 过各顶点沿 OZ 方向往下画侧棱，取尺寸 h；画底面各边。

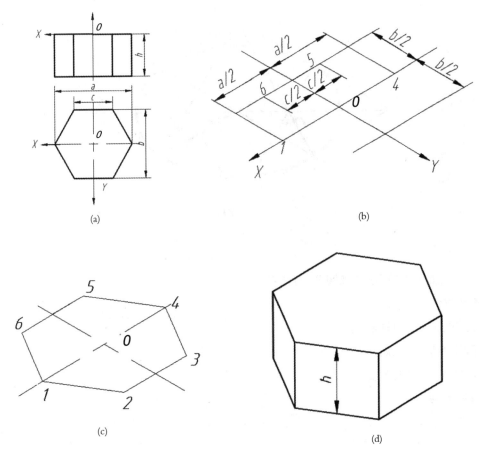

图 3-8 正六棱柱的正等测画法

（2）圆的正等轴测投影。四心椭圆法画椭圆，如图 3-9 所示。

作图步骤：

① 定坐标原点，画轴测轴。

② 画圆的外切正方形及其轴测投影。

③ 在菱形对角线上定 4 个圆心。

④ 定半径画 4 段圆弧。

⑤ 整理、描深。

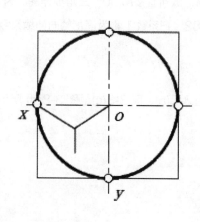
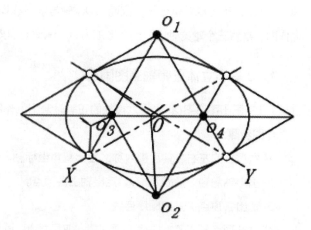
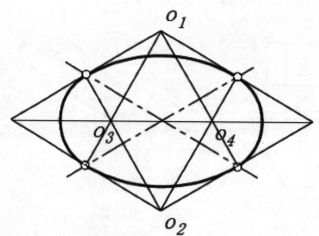

图 3-9　圆的正等轴测画法

（3）圆柱的正等轴测图，如图 3-10 所示。

作图步骤：

① 定坐标原点，画轴测轴。

② 圆柱顶面圆的轴测投影。

③ 圆柱底面圆的轴测投影。

④ 画公切线。

⑤ 整理、描深。

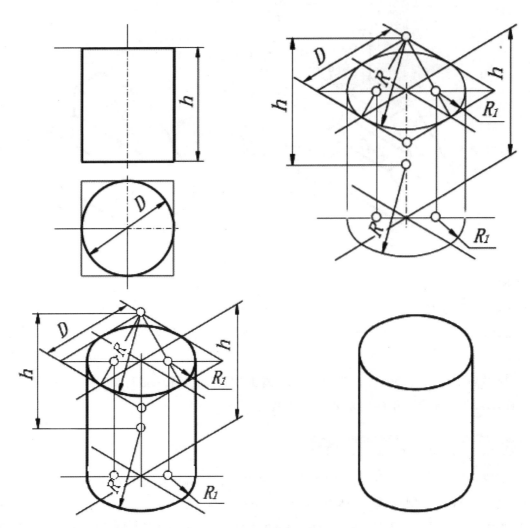

图 3-10 圆柱的正等轴测画法

3.2.3 组合体正等轴测图画法

已知形体的三面投影，如图 3-11 所示，用切割法绘制其正等轴测图，如图 3-12 所示。

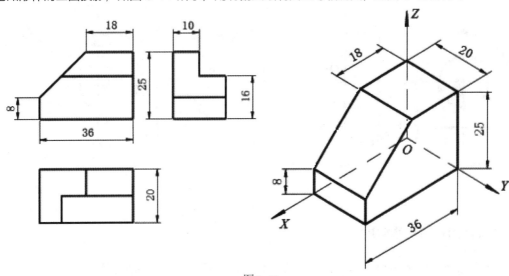

图 3-11

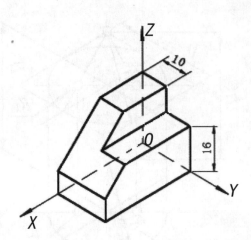
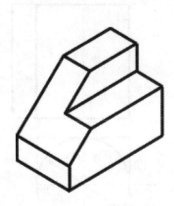

图 3-12　组合体正等轴测图画法

作图步骤：

① 画出原点和轴测轴。

② 沿 X 轴量出其长,沿 Y 轴量出其宽,分别过 X、Y 轴上的点作 Y、X 轴的平行线,即可求得立体的底面图形。

③ 过底面各端点作 Z 轴的平行线,其高度等于立体上该线之高,连接各最高点即为立体的顶面图形。

④ 擦去作图线及不可见轮廓线,加深可见轮廓线。

3.3 正面斜二轴测图

轴测投影面平行于一个坐标平面,且平行于坐标平面的那两个轴的轴向伸缩系数相等的斜轴测投影。简称斜二测。正面斜轴测的特点是:物体的正立面平行于轴测投影面,其投影反映实形,所以 X、Z 两轴平行轴测投影面,均不变形,为原长,它们之间的轴间角为 90°。Z 轴常为铅垂轴,X 轴常为水平线,Y 轴为斜线,如图 3-13 所示。

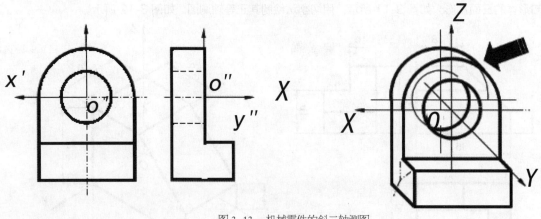

图 3-13　机械零件的斜二轴测图

3.3.1 轴间角和轴向伸缩系数

在斜轴测投影中,通常将物体放正,即使 XOZ 坐标平面平行于轴测投影面 P,因而 XOZ 坐标平面上的任何图形在 P 平面上的投影都反映实形，称为正面斜轴测投影，其轴间角 $\angle XOZ$=90°，$\angle XOY$=$\angle YOZ$=135°，轴向伸缩系数 p=r=1，q=0.5。作图时，一般使 OZ 轴处于垂直位置，则 OX 轴为水平线，OY 轴与水平线成 45°。

3.3.2 正面斜轴测图画法

已知端盖的投影图，画出其斜二测轴测图，如图 3-14 所示。

作图步骤：

① 在正投影图上选定坐标轴，将具有大小不等的端面选为正面，即使其平行于 XOY 坐标面。

② 画斜二测的轴测轴，根据坐标分别定出每个端面的圆心位置。

③ 按圆心位置，依次画出圆柱、圆锥及各圆孔。

④ 擦去多余线条，加深后完成全图。

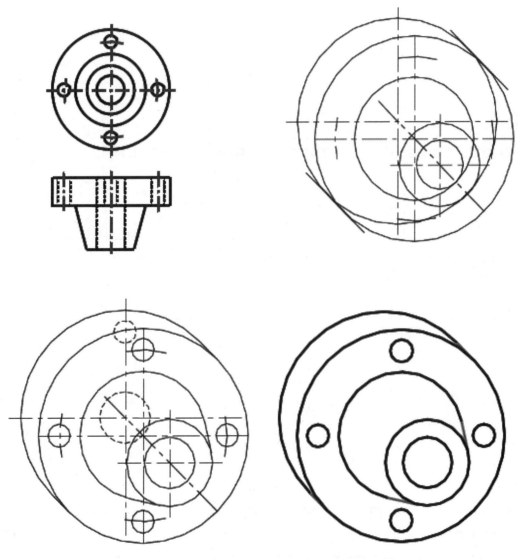

图 3-14 端盖斜二测轴测图

习题

（1）根据已知形体的三投影图，画出该形体的正等测轴测图，如图3-15所示。

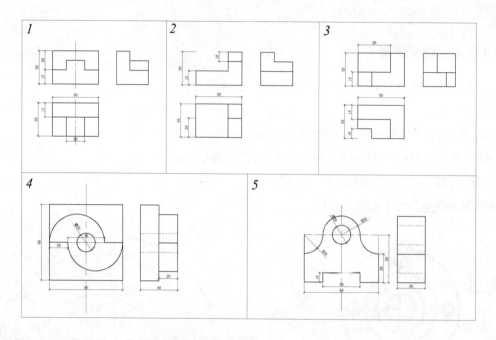

图 3-15

（2）根据已知形体的三投影图，画出该形体的斜二测轴测图，如图3-16所示。

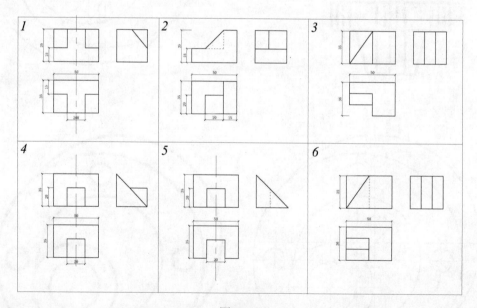

图 3-16

（3）根据缺线的三视图，用正等测轴测图画出其正确的形体图，并在视图上补线（注意不能对形体的同一局部在三个视图上都补线）。

（4）用正等测轴测图或斜二测轴测图给出下列三视图形体的仰视图。

第4章 剖面图

4.1 剖面图的概念

为了清晰地表达物体的内部构造，想象着用一个平面（剖切面）把物体切去一部分，物体被切断的部分称为断面或截面，把断面形状以及剩余的部分用正投影方法画出的图就是剖面图。在工程图中，物体上可见的轮廓线用实线表示，不可见的轮廓用虚线表示。当物体的内部构造复杂时，投影图中就会出现很多虚线，因而使图面虚实线交错，混淆不清，给绘图、读图和标注尺寸均带来不便，也容易产生错差。此外，工程上还常要求表示出建筑构件的某一部分形状及所用建筑材料。为了解决以上问题，可以假想地将物体剖开，让它的内部构造显露出来，使物体的不可见部分变成可见部分，从而可以用实线表示其内部形状和构造。

如图 4-1(a) 所示，为一台阶的三视图。左视图中，由于踏步被侧板遮住而不可见，所以在左侧立面图中画成虚线。现假想用一侧平面 p 作为剖切平面，把台阶沿踏步剖开，如图 4-1(b) 所示，再移去观察者和剖切平面的那部分台阶，然后作出台阶剩下部分的投影，则得到如图 4-1(c) 中所示的剖面图。

剖面图除应画出剖切面切到的断面图形外，还应画出沿投影方向可以看到的部分用中实线或细实线绘制。剖面图常与基本视图相互配合，使建筑形体的图样表达得完整、清晰、简明。

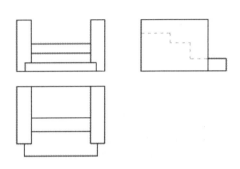

(a) 台阶的三视图

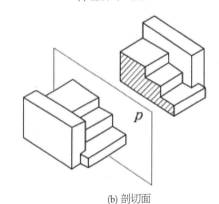

(b) 剖切面

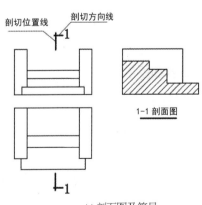

(c) 剖面图及符号

图 4-1

4.2 剖面图的表示方法

4.2.1 剖切符号

用剖面图配合其他视图表达物体时，为了明确视图之间的投影关系，便于读图，对所画的剖面图一般应标注剖切符号，注明剖切位置、投影方向和剖切名称，如图4-2所示。

剖面图的剖切符号由剖切位置线、投影方向、剖面名称及编号组成。剖切位置线、投影方向线应以粗实线绘制。剖切位置长度宜6～10mm；投影方向线应与剖切位置线垂直，画在剖切位置线的同一侧，长度应短于剖切位置线，宜为4～6mm。画图时剖切符号不应与其他图线相接触。为了区分同一形体上的剖切面，在剖切符合上宜用阿拉伯数字加以编号，数字应写在投影方向一侧。

在视图中，剖面图的下方或一侧应注写相应的编码，如"1-1剖面图"，并在图名下画一粗实线，如图4-2(c)所示。

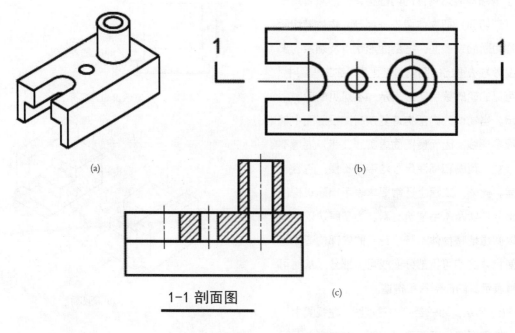

(a)

(b)

1-1 剖面图

(c)

图4-2

4.2.2 剖面图的画法

（1）画剖面图须用剖切线符号在正投影图中表示出剖切面位置及剖面图的投影方向。

（2）断面的轮廓线用粗线表示，未切到的可见线用细线表示，不可见线一般不画出。

（3）画剖面图时应注意的几个问题：

① 剖切是假想的 把物体剖开是我们为了表达其内部形状所做的假设。物体仍是一个完整的整体，并没有真的被切开或移去一部分。因此，每次剖切都应把物体看作是一个整体，不受前面剖切的影响，其他视图仍应按原先未剖切时完整地画出。

② 剖切位置的选择　剖面图是为了清楚地表达物体内部的结构形状，因此，剖切平面应选择在适当的位置，使剖切后画出的图形能准确、全面地反映所要表达部分的真实形状。一般情况下，剖切平面应平行于某一投影面，并应通过物体内部的孔、洞、槽等结构的轴线或对称线。

③ 省略不必要的虚线　为了使图形更加清晰，剖面图中不可见的虚线，当配合其他图形已能表达清楚时，应该省略不画。没有表达清楚的部分，必要时可画出虚线。

4.3 剖面图的种类及应用

剖面图主要用来表达物体的内部结构，是工程上广泛采用的一种图样。剖面图的剖切平面数量、位置、方向和范围应根据物体的形状（特别是内部形状）来选择。下面介绍几种常用剖面图的种类。

4.3.1 全剖面图

用一个剖切平面把物体全部剖开后所得到的剖面图称为全剖面图。全剖面图一般用于不对称或者虽然对称但外形简单、内部结构比较复杂的物体，如图 4-1(c) 所示的剖面图，就是用一个侧平面把台阶沿着踏步全部剖开所形成的。

建筑工程图中的各层平面图都是沿着各层门、窗洞口处用水平剖切平面全部剖切后所形成的全剖面图。

全剖面图一般都需要标注剖切符号。但若剖切平面与物体的对称面重合，剖面图又按投影关系配置时，剖切平面位置和视图关系比较明确，可省略标注。

4.3.2 半剖面图

当物体具有对称平面时，在垂直于对称平面的投影面上的投影，以对称线为分界，一半画剖面图，另一半画投影图，这种组合的图形称为半剖面图。

半剖面图常用于物体具有对称平面且内、外形状都比较复杂时。组合而成的半剖面图一半表示物体的外部形状，另一半表示物体的内部构造。

如图 4-3 所示，为一箱体，因它的左右、前后均对称，故三个视图都可采用半剖面图表示，使其内、外形状表达清晰、简明。

画半剖面图时应注意以下几点：

① 半剖面图中剖面图与视图以对称中心线为分界线，应用点划线表示，不能画成实线。

② 由于剖切前视图是对称的，剖切后在半个剖面图中已清楚地表达了内部结构形状，所以在另外半个外形视图中虚线一般不再画出。

③ 习惯上，当对称线是竖直时，半个剖面图画在对称线的右半边；当对称线是水平时，半个剖面图画在对称线的下半边。

④ 当剖切平面与物体的对称平面重合，且半剖面图位于基本投影图的位置时，其标注可以省略，如图 4-3 所示。

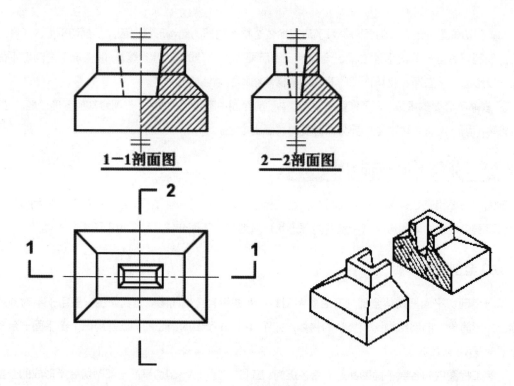

1—1剖面图　　　**2—2剖面图**

图 4-3　半剖面图

4.3.3 局部剖面图

当建筑物的某些构配件只有局部构造比较复杂时，可只把物体的局部剖切，表示其内部构造，这样得到的剖面图称为局部剖面图。

如图 4-4 所示，是机械零件的一组视图，为了表示其内部结构形式，平面图采用了局部剖面图，其余部分仍画外形图。

全剖面图、半剖面图和局部剖面图都是用一个剖切平面剖切物体后得到的。

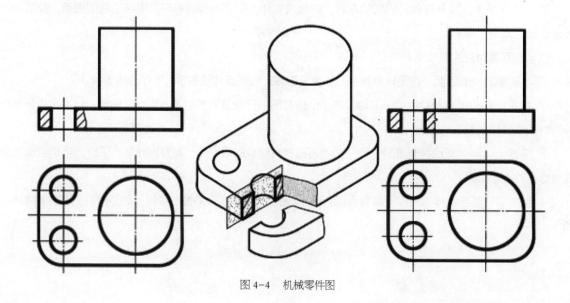

图 4-4　机械零件图

4.3.4 阶梯剖面图

当用一个剖切平面不能将物体上需要表达的内部结构都剖切到时，可用两个或两个以上相互平行的平面剖切物体，所得的剖面图称为阶梯剖面图。

如图 4-5 所示的水箱，两孔的轴线不在同一正平面内。为了表示水箱的内部结构，采用了两个互相平行的正平面作为剖切面，从而得到反映水箱壁厚和两个圆孔位置的阶梯剖面图。为反映物体上各内部结构的实形，阶梯剖面图中的几个剖切平面必须平行于某一基本投影面。

画阶梯剖面图时，在剖切平面的起止和转折处均应标注剖切符号和投影方向，如图 4-5 所示。当剖切平面位置明显，又不至引起误解时，转折处可不标注剖切符号和投影方向。

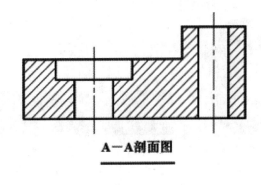

A—A剖面图

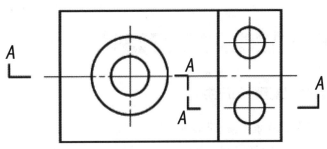

图 4-5　阶梯剖面图

5.1 建筑施工图的基础知识

5.1.1 施工图的产生

设计工作是多快好省地完成基本建设任务的重要环节。设计人员首先要认真学习相关基本建设的方针政策，了解工程任务的具体要求，进行调查研究，收集设计资料。设计过程大体包括以下几个步骤：

初步设计：经过多方案比较，确定设计的初步方案；画出比较简略的主要图纸，附文字说明及工程概算。

技术设计：在已审定的设计方案的基础上，进一步解决各种使用和技术问题，统一各工种之间的矛盾，进行深入图纸设计等。

有些工程将初步设计和技术设计合并为扩大初步设计，因而全部的设计过程即为扩大初步设计与绘制施工图两个阶段。

一套室内装修施工图是由平面、立面、水、暖、电、详图、预算等工种共同配合，经过上述的设计程序编制而成，是进行施工的依据。

5.1.2 施工图的组成和编排次序

（1）组成

施工图纸按工种分类，由建筑、结构、排水、采暖通风和电气几个工种的图纸组成。各工种的图纸有分基本图、详图两部分。基本图纸表明全局性的内容；详图表明某一构件或某一局部的详细尺寸的材料做法等。

（2）编排次序

一个工程施工图纸的编排顺序是总平面、建筑、结构、水、电、暖等。各工种图纸的编排一般是全局性图纸在前，说明局部的图纸在后；先施工的在前，后施工的在后；重要图纸在前，次要图纸在后。在全部施工图前面还须编入图纸目录和总说明。

① 图纸目录　说明该工程有哪几个工种的图纸组成，各工种图纸名称、张数和图号顺序。其目的为便于查找图纸。

② 总说明　主要说明工程的概貌和总的要求。内容包括工程设计依据（如建筑面积、造价以及有关的地质、水文、气象资料）；设计标准（建筑标准、结构荷载等级、抗震要求、采暖通风要求、照明标注）；

施工要求（如施工技术及材料的要求等）。一般中小型工程的总说明放在建筑施工图内。

③ 建筑施工 主要表示建筑物的内部布置情况，外部形状以及装修、构造、施工要求等。基本图纸包括总平面图、平面图、剖面图等。包括墙身剖面图、楼梯、门、窗、厕所、浴室以及各种装修、构造等详细做法。

④ 结构施工图 主要表示承重结构的布置情况，构建类型、大小以及构造做法等。基本图纸包括基础图、柱网布置图、楼盖结构布置图、屋顶结构布置图等。构件图包括柱、梁、板、楼梯、雨棚。 一般混合结构自首层室内地面以上的砖墙及砖柱由建筑图表示；首层地面以下的砖墙由结构基础图表示。

⑤ 给排水施工图 主要表示管道的布置和走向，构件做法和加工安装要求。图纸包括平面图、系统图、详图等。

⑥ 采暖通风施工图 主要表示管道的布置和构造安装要求。图纸包括平面图、系统图、安装详图等。

⑦ 电气施工图 主要表示电气线路走向及安装要求。图纸包括平面图、系统图、接线原理图以及详图等。

5.1.3 施工图画法规定

为保证图纸质量，提高绘图效率和便于阅读，原国家建委制定了统一的《建筑制图标准》，简称"国标"，阅读或绘制施工图应熟悉有关的表示方法和规定。以下介绍"国标"中的主要内容。

（1）图幅

根据《建筑制图标注》的规定，图纸幅面的规格分为 0、1、2、3、4 号共五种。幅面的长宽尺寸，边框的尺寸，如表 5-1 所列。在一套施工图中尽可能使图纸整齐划一，在选用图纸幅面时，应以一种规格为主，避免大小幅面掺杂使用。在特殊情况下，允许加长 1～3 号图纸的长度和宽度，0 号图纸只能加长长边，加长部分的尺寸应为边长的 1/8 及其倍数，如图 5-1 所示。

表 5-1 图纸幅面及图框尺寸

尺寸代号	幅面代号				
	A0	A1	A2	A3	A4
B×L	841×1189	594×841	420×594	297×420	210×297
c	10			5	
a	25				

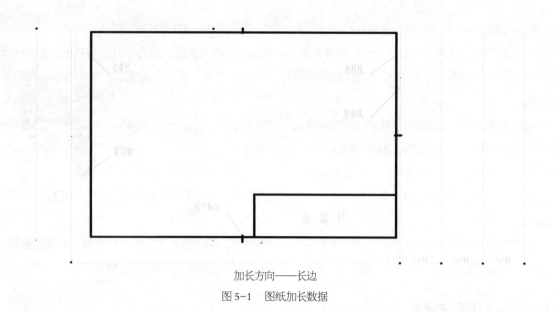

加长方向——长边

图 5-1   图纸加长数据

（2）图标（标题栏）和会签栏

① 图标：标题栏的主要内容包括设计单位名称，工程名称，图纸名称，图纸编号以及项目负责人，设计人，绘图人，审核人等项目内容。

工程名称：是指某个工程的名字，如"万科五龙山独栋别墅设计"。

图   名：表明本张图纸的主要内容，如"平面图"。

设 计 号：是设计部门对该工程的编号，有时候也是工程的代号。

图   别：表明本图所属的工种和设计阶段，如"建筑"（及建筑施工图）。

图   号：表明本工种图纸的编号顺序（一般用阿拉伯字注写）。

② 会签栏：是为各工种负责人签字用的表格。其格式如下：

如有备注说明或图例简表也可视其内容设置其中。标题栏的长宽与具体内容可根据具体工程项目进行调整。当需要查阅某张图时，可从图纸目录中查到该图的工程图号，然后根据这个图查对图标，就可以找到所要的图纸。

常见的图表格式、内容，如图 5-2 所示。

图像名称		设计单位名称			
工程总称		设计		图别	
项目		绘图		图号	
		校对		比例	
		审核		日期	

图 5-2

（3）比例尺

比例是图形与实物相对应的线性尺寸之比。比例的大小是指其比值的大小，如 1：50 大于 1：100。一套施工图既要说明建筑物的总体布置，又要说明建筑平面的全貌，还要把若干局部或构件的尺寸与构造做法交代清楚。所以全部采用一种比例尺不可能满足各种图的要求，因此必须根据图纸的内容选择恰当的比例尺。

一般建筑平面图、立面图、剖面图采用 1∶50、1∶100、1∶150、1∶200 和 1∶300 的比例；局部放大图和构造详图采用 1∶5、1∶10、1∶15、1∶20、1∶25、1∶30、1∶50 的比例。每个图形的比例标在其图名右侧，字的基准线应取平，比例的字高宜比图名的字高小一号或二号，如图 5-3 所示。

平面图 1:50 　　 **平面图** 1:50

图 5-3

（4）轴线

施工图中的轴线是定位、放线的重要依据。凡承重墙、柱子、大梁或屋架等主要承重构件的位置都应画上轴线并编上轴线号。非承重的隔断墙以及其他次要承重构件等，一般不编轴线号。凡需确定位置的建筑局部或构件，都应注明它们与附近轴线的尺寸。

轴线用点划线表示，端部画圆圈（圆圈直径 8～10 毫米），定位轴线的圆心应在定位轴线的延长线上，圆圈内注明编号。水平方向用阿拉伯数字由左至右依次编号；垂直方向用大写拉丁字母由下往上顺序编号，拉丁字母的 I、O、Z 不得用作轴线编号，如图 5-4 所示。

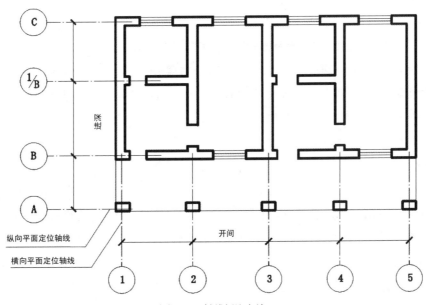

图 5-4 　轴线标注方法

（5）尺寸及单位

施工图中均注有详细的尺寸，作为施工制作的主要依据。尺寸由数字及单位组成，例如 100 毫米（mm），100 代表数字，毫米（mm）代表单位。根据"国标"规定，尺寸单位：总图以米为单位，其余均以毫米为单位。为了图纸鲜明，在尺寸数字后不写尺寸单位。平面与尺寸的标注方法，如图 5-5 所示。

80　15　　150　　15　80

图 5-5

（6）标高

建筑物各部分的高度用标高表示。表示方法用符号"▼"。下面横线为某处高度的界限，上面符号注明标高，但应注在小三角外侧，小三角的高度约 3mm，如图 5-6 所示。除各种图标一律采用上述标高符号之外，总平面图的室外平整标高采用符号"▼"表示，标高单位用米（m）。"国标"规定标准到毫米，注到小数后第三位。总平面图标高注至少小数点以后的两位。

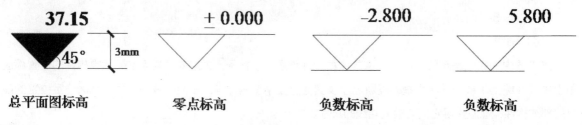

图 5-6　标高

标高分绝对标高和相对标高两种。

绝对标高：我国把青岛附近的黄海平均海平面定为绝对标高的零点，其他各地标高都以它作为基准。如北京市绝对标高就在 40m 以下。

相对标高：一个建筑的施工图需要注明许多标高。如果都用绝对标高，数字很烦琐。所以一般都用相对标高，即把室内首层地面高度定为相对标高的零点，写作"±0.000"。高于它的为正，但一般不注"+"符号。低于它的为负，必须注明符号"−"，例如表示比首层室内标高低 340mm。一般在总说明中说明相对标高与绝对标高的关系，例如 ±0.00=43.520，即室内地面 ±0.000 相当于绝对标高 43.520m，这样就可以根据当地水准点（绝对标高）测定首层地面标高。

（7）索引符号、详图符号及引出线

① 索引符号

索引符号的用途是便于看图时查找相互有关的图纸。通过索引符号可以反映基本图纸与详图、详图与详图之间以及有关工种图纸之间的关系。索引符号的表示方法是把图中需要另画详图的部位编上索引符号，并把另画的详图编注详图号，两者之间的关系要对应一致，以便查找。

索引符号为直径 10mm 的单圆圈，以细实线绘制，应按下列规定编写：

A. 索引出的详图，如与被索引的详图同在一张图纸内，应在索引符号的上半圆中用阿拉伯数字注明该详图的编号，并在下半圆中间画一段水平细实线，如图 5-7(a) 所示所示。

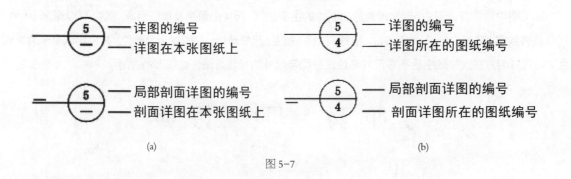

图 5-7

B. 索引出的详图，如与被索引的详图不在同一张图纸内，应在索引符号的上半圆中用阿拉伯数字注明该详图的编号，在索引符号的下半圆中用阿拉伯数字注明该详图所在图纸的编号，在本张图纸上剖开后从上往下投影，详图不在本张图纸上；剖开后从下往上投影，如图 5-7(b) 所示。

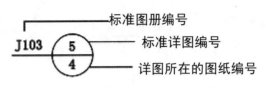

图 5-8　索引详图编号

C. 索引出的详图，如采用标准图，应在索引符号水平直径的延长线上加注该标准图册的编号，如图 5-8 所示。

D. 索引符号如用于索引剖视详图，应在被剖切的部位绘制剖切位置线，并以引出线引出索引符号，引出线所在的一侧应为投影方向，如图 5-9 所示。

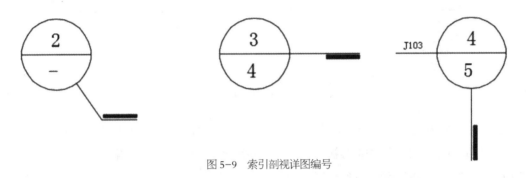

图 5-9　索引剖视详图编号

② 详图符号

施工图中的部分图形或某一构件，由于比例较小或细部构造较复杂而无法表示清楚时，通常要将这些图形和构件用较大的比例放大画出，这种放大后的图样就称为详图。详图的位置和编号，应以详图符号表示。详图符号的圆应以直径为 14mm 的粗实线绘制。

详图应按下列规定编写：

A. 详图与被索引的图样同在一张图纸内时，应在详图符号内用阿拉伯数字注明详图的编号，如图 5-10(a) 所示。

B. 详图与被索引图样不在同一张图纸内时，应用细实线在详图符号内画水平直径线，在上半圆中注明

(a) 被索引的在本张图纸上　　　　　　　　　　(b) 被索引的不在本张图纸上

图 5-10

详图编号，在下半圆中注明被索引的图纸编号，如图 5-10(b) 所示。

③ 引出线

引出线是对图样上某些部位引出文字说明、符号编号和尺寸标注等使用的，其画法规定如下：

A. 引出线应以细实线绘制，宜采用水平反向的直线，与水平方向成 30°、45°、60°、90° 的直线，或经上述角度再折为水平线。文字说明宜注写在水平线的上方，也可标注在水平线的端部，索引详图的引出线应与水平直径线相连接，如图 5-11 所示。

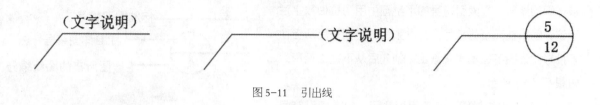

图 5-11　引出线

B. 同时引出几个相同部分的引出线，宜互相平行，也可集中于一点的放射线，如图 5-12 所示。

图 5-12　引出线

C. 多层构造共用引出线，应通过被引出的各层。文字说明宜注写在水平线的上方，或注写在水平线的端部，说明的顺序应由上至下，并应与被说明的层次互相一致，如层次为横向排序，则由上自下的说明顺序应与由左至右的层次互相一致，如图 5-13 所示。

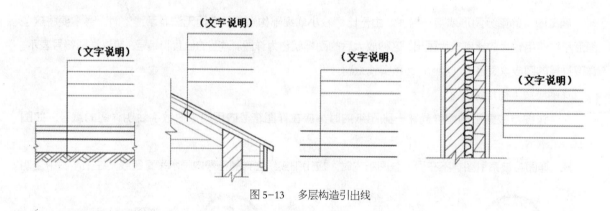

图 5-13　多层构造引出线

（8）其他符号

① 对称符号

当建筑物或构配件的图形对称时，可只画对称图形的一半，然后在图形的对称中心处画上对称符号，另一半图形可省略不画。对称符号由对称线和两端的两对平行线组成。对称线用细单点长画线绘制；平行线用细实线绘制，其长度宜为 6～10mm，每对间距宜为 2～3mm；对称线垂直平分两对平行线，对称线两端超出平行线宜为 2～3mm，如图 5-14(a) 所示。

② 连接符号

连接符号用来表示构建图形的一部分与另一部分的相接关系。连接符号应以折断线表示需连接的部位。两部位相距过远时，折断线两端靠图样一侧应标注大写拉丁字母表示连接编号，两个连接的图样必须用相同的字母编号，如图 5-14(b) 所示。

③ 图形折断符号

当图形采用直线折断时，其折断符号为折断线，如图 5-14(c) 所示。

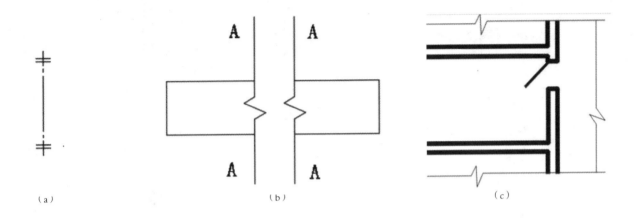

（a）　　　　　　　　　　　（b）　　　　　　　　　　　（c）

图 5-14　对称符号、连接符号、折断符号

④指北针

指北针是用来指明建筑物朝向的，其形状如图 5-15 所示，圆的直径宜为 24mm，用实线绘制；指针尾部的宽度宜为 3mm，指针头部应注 "北" 或 "N" 字。需用较大直径绘制指北针时，指针尾部宽度宜为直径的 1/8。

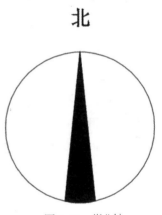

图 5-15　指北针

5.2 建筑平面图

平面图是装饰装修施工图中的主要图样，它是根据设计原理、人体工学以及用户的要求画出的用于反映建筑平面布局、装饰空间及功能区域的划分、家具设备的布置、绿化及陈设的布局等内容的图样，是确定装饰空间平面尺度及装饰形体定位的主要依据。

5.2.1 建筑平面图的形成与分类

（1）平面的形成

假想用一个水平剖切平面沿门窗洞口处将整幢房屋剖开，移去剖切平面以上的部分，绘出剩余部分的水平剖面图，称为建筑平面图，如图 5-16 所示。建筑平面图主要反映房屋的平面形状、水平方向各部分的布置和组合关系、门窗位置、墙或柱的布置及其他建筑配件的布置和大小等。建筑平面图实质上是房屋各层的水平剖面图。一般来说，房屋有几层，就应画出几个平面图，并在图形的下方注出相应的图名、比例等。沿房屋底层窗洞口剖切所得到的平面图称为底层平面图，最上面一层的平面图称为顶层平面图。中间各层如果平面布置相同，可只画一个平面图表示，称为标准层平面图。

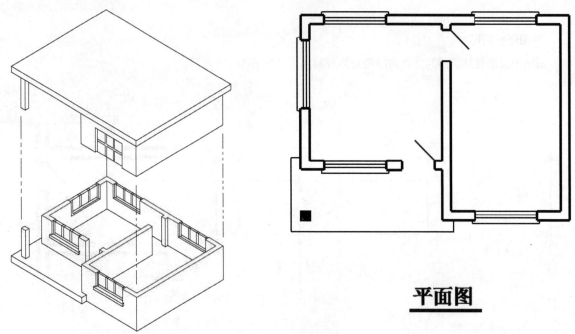

图 5-16 建筑平面图的形成

（2）建筑平面图的分类

建筑施工图中一般包括下列几种平面图：

① 底层（首层）平面图 表示房屋建筑底层的布置情况。在底层平面图上还需反映室外可见的台阶、散水、花台、花池等。此外，还应标注剖切符号及指北针，如图 5-17 所示，为某办公楼底层平面图。

② 楼层平面图 表示房屋建筑中间备层及最上一层的布置情况，楼层平面图还需画出本层的室外阳台和下一层的雨篷、遮阳板等。如图 5-18、图 5-19 所示分别为某办公楼标准层平面图和顶层平面图。

③ 屋顶平面图是在房屋的上方，向下作屋顶外形的水平投射线从而得到投射线图。用它表示屋顶情况，如屋面排水的方向、坡度、雨水管的位置、上人孔及其他建筑构配件的位置等。现以某办公楼平面图为例加以说明。

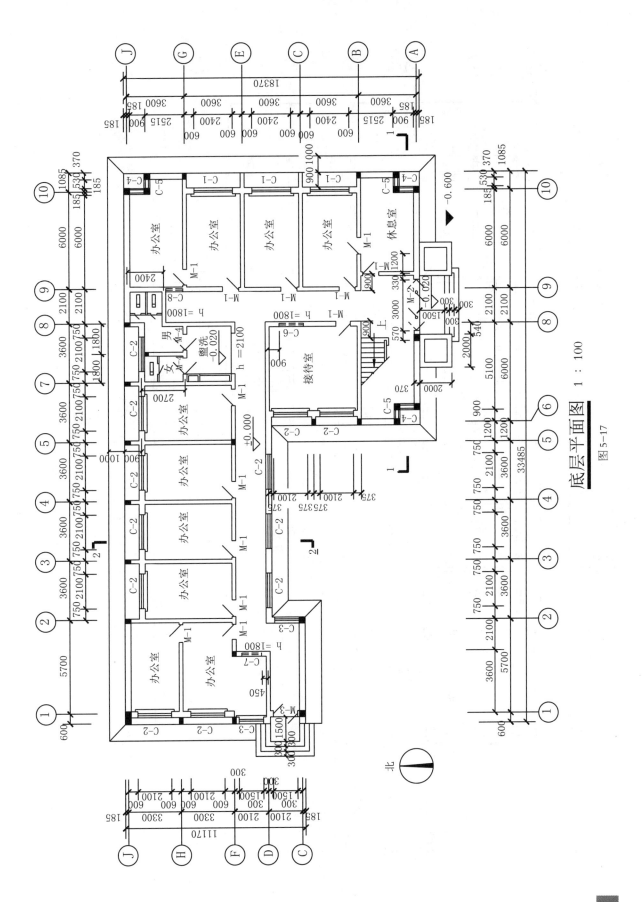

底层平面图 1 : 100

图5-17

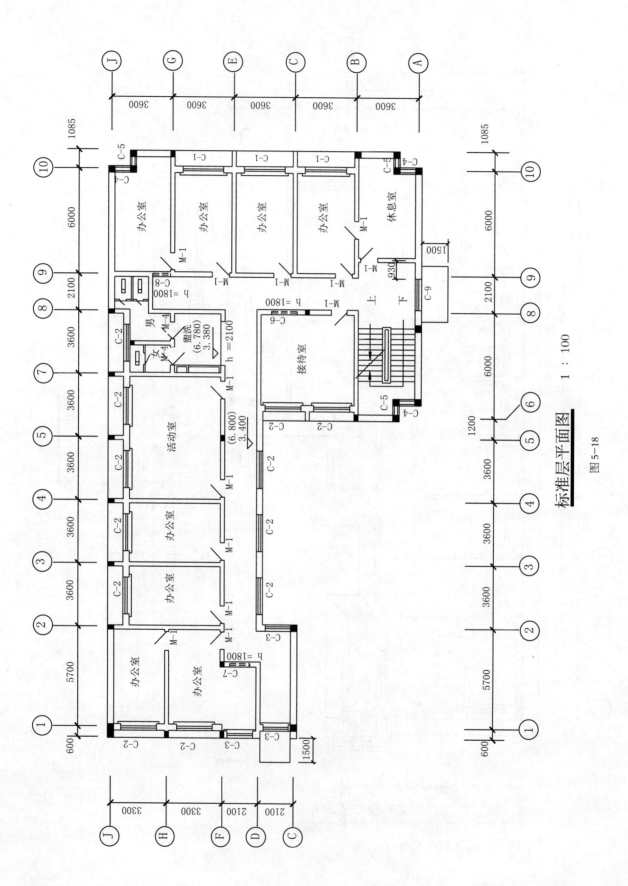

标准层平面图 1：100

图 5-18

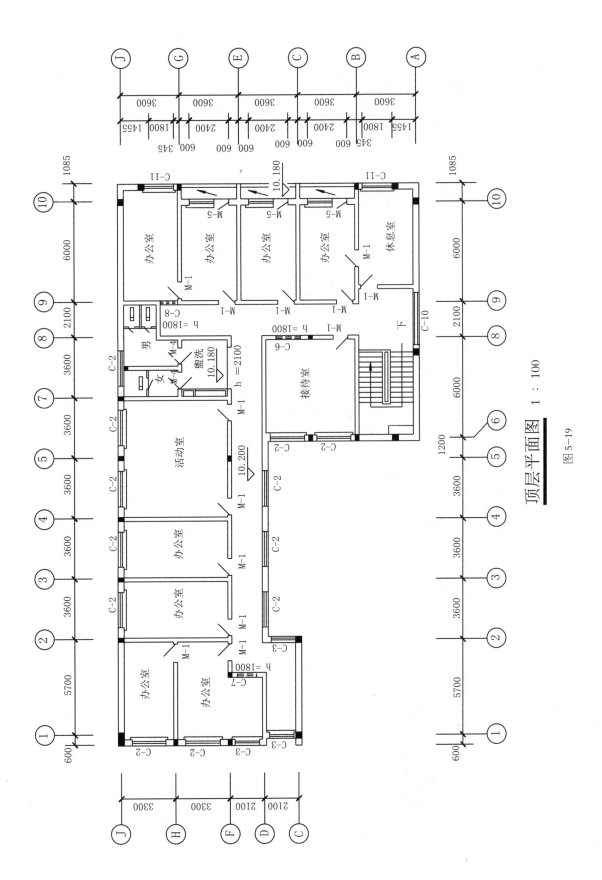

顶层平面图 1 : 100

图 5-19

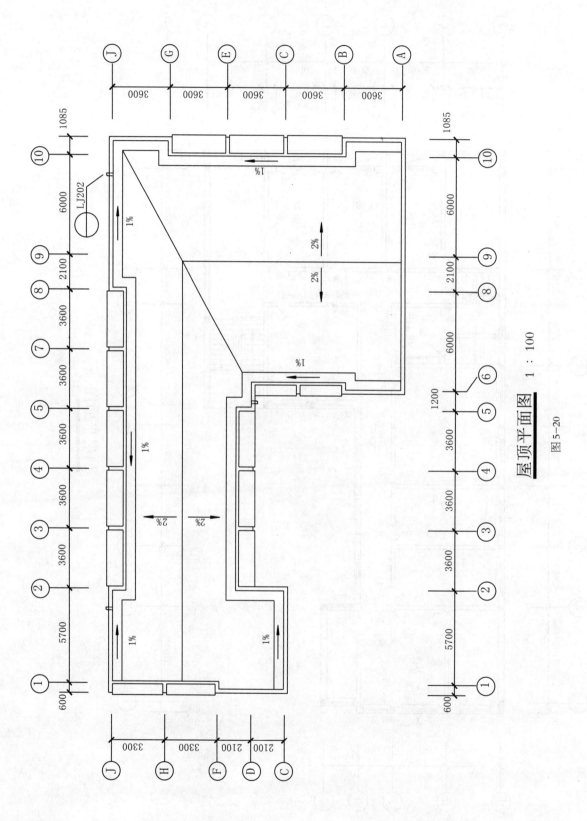

屋顶平面图 1 : 100

图 5-20

平面图常用 1 ：50、1 ：100 的比例绘制，由于比例较小，所以门窗及细部构配件等均应按规定图例绘制。平面图中的线型应粗细分明，凡被剖切到的墙、柱断面轮廓线用粗实线画出，没有剖切到的可见轮廓线，如窗台、梯段、卫生设备、家具陈设等用中实线或细实线画出。尺寸线、尺寸界线、索引符号、标高符号等用细实线画出，轴线用细单点长画线画出。 常用的建筑构造图例，如图 5-21 所示。

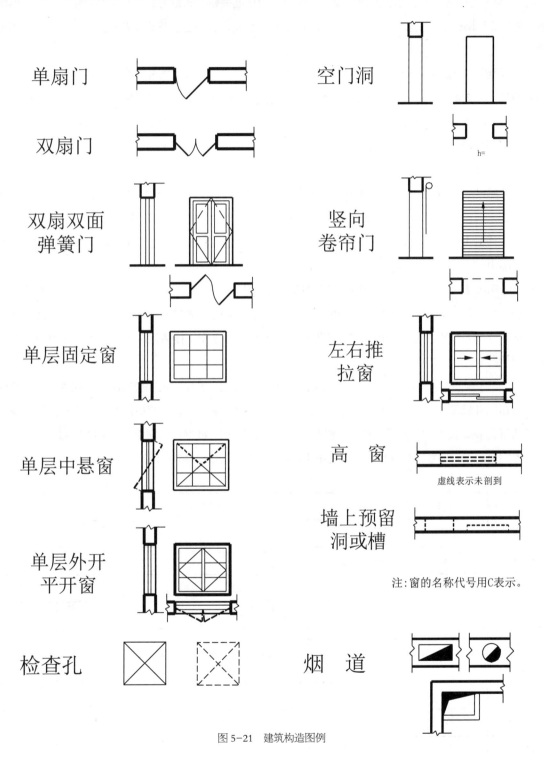

单扇门

双扇门

双扇双面
弹簧门

单层固定窗

单层中悬窗

单层外开
平开窗

检查孔

空门洞

h=

竖向
卷帘门

左右推
拉窗

高　窗

虚线表示未剖到

墙上预留
洞或槽

注：窗的名称代号用C表示。

烟　道

图 5-21　建筑构造图例

5.2.2 别墅建筑平面图识读

现以图 5-18 所示的建筑平面图为例，说明平面图的图示内容和识读步骤。

① 了解图名、比例及文字说明。由图 5-18 可知，该图为某小区别墅底层平面图，比例为 1：100。

② 了解平面图的总长、总宽的尺寸以及内部房间的功能关系、布置方式等。该办公楼平面基本形状为 L 形。总长 33.485m，总宽 11.17m。有大小 10 间办公室、接待室、休息室及卫生间；在大门左侧设有楼梯。

③ 了解纵横定位轴线及其编号。主要房间的开间、进深尺寸；墙（或柱）的平面布置。相邻定位轴线之间的距离，横向的称为开间，纵向的称为进深。从定位轴线可以看出墙（或柱）的布置情况。该办公楼有六道纵墙，纵向轴线编号为 A ～ F，五道横墙，横向轴线编号为 1 ～ 10。

④ 了解平面各部分的尺寸。注意平面图尺寸以毫米为单位，标高以米为单位。平面图的尺寸标注有外部尺寸和内部尺寸两部分。

A. 外部尺寸　建筑平面图的下方及侧向一般标注三道尺寸。最外一道是外包尺寸，表示房屋外轮廓的总尺寸，即从一端的外墙边到另一端的外墙边总长和总宽的尺寸；中间一道是轴线间的尺寸，表示各房间的开间和进深的大小；最里面的一道是细部尺寸，表示门窗洞口和窗间墙等水平方向的定形和定位尺寸。底层平面图中还应标出室外台阶、花台等尺寸。

B. 内部尺寸　内部尺寸应注明内墙门窗洞的位置及洞口宽度、墙体厚度、设备的大小和定位尺寸，内部尺寸应就近标注。此外，建筑平面图中的标高，除特殊说明外，通常都采用相对标高，并将底层室内主房间地面定为 ±0.000。在该建筑底层平面图中，办公室、休息室、接待室地坪定为标高零点 ±0.000，室外地坪标高为 － 0.600m。

⑤ 了解门窗的布置、数量及型号。在建筑平面图中，只能反映出门窗的位置和宽度尺寸，而它们的高度尺寸，窗的开启形式和构造等情况是无法表达出来的。为了便于识读，图中用专门的代号标注门窗，其中门的代号为 M，窗的代号为 C，代号后缀数字表示们的编号，如 M-1、M-2……，C-l、C-2……一般每个工程的门窗规格、型号、数量都由门窗表说明。表 5-22 为某办公楼的门窗表。

表 5-2　门窗表

编号	洞口尺寸		数量				合计
	宽度	高度	一层	二层	三层	四层	
C-1	2400	1800	3	3	3		9
C-2	2100	1800	12	12	12	12	48
C-3	1500	1800	2	3	3	3	11
C-4	715	见构造详图	3				3
C-5	530	见构造详图	3				3
C-6	1500	600	1	1	1	1	4
C-7	1200	600	1	1	1	1	4
C-8	900	600	1	1	1	1	4

（续表）

C-9	1800	见构造详图		1			1
C-10	3000	1500				1	1
C-11	1800	1800				2	2
M-1	1000	2700	13	13	13	13	52
M-2	3000	2700	1				1
M-3	1500	2700	1				1
M-4	900	2100	2	2	2	2	8
M-5	2400	2700				3	3

⑥ 了解房屋室内设备配备等情况。如该办公楼卫生间设有盥洗台、坐便器等。

⑦ 了解房屋外部的设施，如散水、雨水管、台阶等的位置及尺寸。

⑧ 了解房屋的朝向及剖面图的剖切位置、索引符号等。底层平面图中需画出指北针，以表明建筑物的朝向。通过左下角指北针，可以看出该建筑坐北朝南。在底层平面图中，还应画上剖面图的剖切位置（其他平面图上省略不画），以便与剖面图对照查阅。剖切符号通常画在有楼梯间的位置，并剖切到梯段、楼地面、墙身等结构。

对于屋顶平面图，应了解屋面处的天窗、水箱、屋面出入口、铁爬梯、女儿墙及屋面变形缝等设施和屋面排水方向、坡度、檐沟、泛水、雨水管下水口等位置、尺寸及构造等情况。

5.3 建筑立面图

5.3.1 建筑立面图的形成和画法

（1）建筑立面图的形成

在与房屋立面平行的铅垂投影面上所作的正投影图，称为建筑立面图，简称立面图。它主要反映房屋的总高度、檐口及屋顶的形状、门窗的形式与布置，室外台阶、雨蓬等的形状及位置。它是建筑及装饰施工的重要图样。另外，还常用文字表明各部分的建筑材料及做法。

（2）建筑立面图的命名和规定画法

根据建筑物外形的复杂程度，所需绘制的立面图的数量也不同。建筑立面图的命名方式一般有三种：

① 按房屋的朝向来命名：南立面图、北立面图、东立面图、西立面图。

② 按立面图中首尾轴线编号来命名。

③ 按房屋立面的主次来命名，把反映主要出入口或房屋主要外貌特征的一面称为正立面图、背立面图、左侧立面图、右侧立面图。其余的称为背立面图、左侧立面图、右侧立面图。

这三种命名方式各有特点，在绘图时应根据实际情况灵活选用，其中以轴线编号的命名方式最为常用。

立面图一般应按投影关系，画在平面图上方，与平面图轴线对齐，以便识读。立面图所采用的比例一般和平面图相同。由于比例较小，所以门窗、阳台、栏杆及墙面复杂的装修可按图例绘制，对立面图上同一类型的门窗，可详细地画一个作为代表，其余均用简单图例来表示。此外，在立面图的两端应画出定位轴线符号及其编号。

为了使立面图外形清晰、层次感强，立面图应采用多种线型画出。一般立面图的外轮廓用粗实线表示；门窗洞、檐口、阳台、雨篷、台阶、花池等突出部分的轮廓用中实线表示；门窗扇及其分格线、花格、雨水管、有关文字说明的引出线及标高等均用细实线表示；室外地坪线用加粗实线表示。

在立面图中，应标注室外地面、入口处地面、窗台、门窗顶、檐口等处的标高。在立面图中，凡需绘制详图的部位，应画上索引符号。还应用文字注明外墙面、檐口等处的装饰装修要求。

5.3.2 建筑立面图的识读

现以图 5-22 所示的建筑立面图为例，说明其图示内容和识读步骤。

① 了解图名及比例。从图名或轴线的编号可知，该图是表示房屋南向的立面图（1 ～ 10 立面图），比例为 1：100。

② 了解立面图与平面图的对应关系。对照建筑底层平面图上的指北针或定位轴线号，可知南立面图的左端轴线编号为 1，右端轴线编号为 10，与建筑平面图（图 5-17）相对应。

③ 了解房屋的体形和外貌特征。由图 5- 22 可知，该办公楼为四层，顶部为斜坡屋顶，入口处有台阶。

④ 了解房屋各部分的高度尺寸及标高数值。立面图上一般应在室内外地坪、阳台、檐口、门、窗、台阶等处标注标高，并宜沿高度方向注写某些部位的高度尺寸。从图中所注标高可知，房屋室外地坪比室内地面低 0.600m，屋顶最高处标高 14.800m，其他各主要部位的标高在图中均已注出。

⑤ 了解门窗的形式、位置及数量。该楼的窗户均为塑钢双扇推拉窗，入户门为双扇平开门。

⑥ 了解房屋外墙面的装修做法。从立面图文字说明可知，外墙面为白色面砖，屋顶面为砖红色波形瓦。

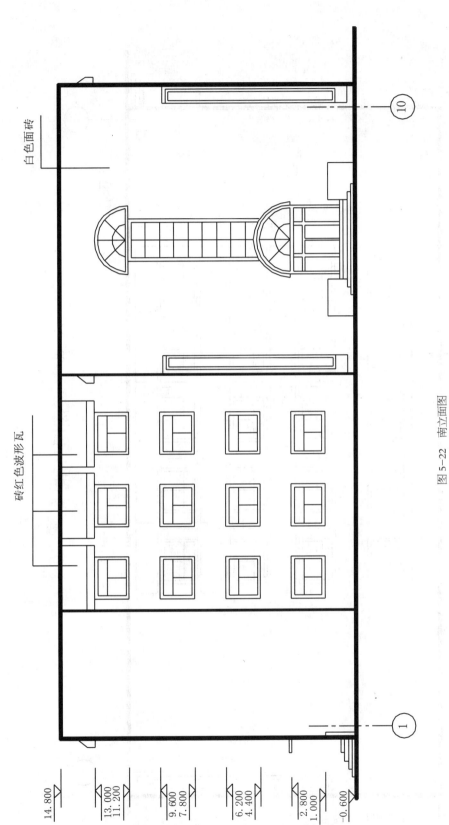

图 5-22　南立面图

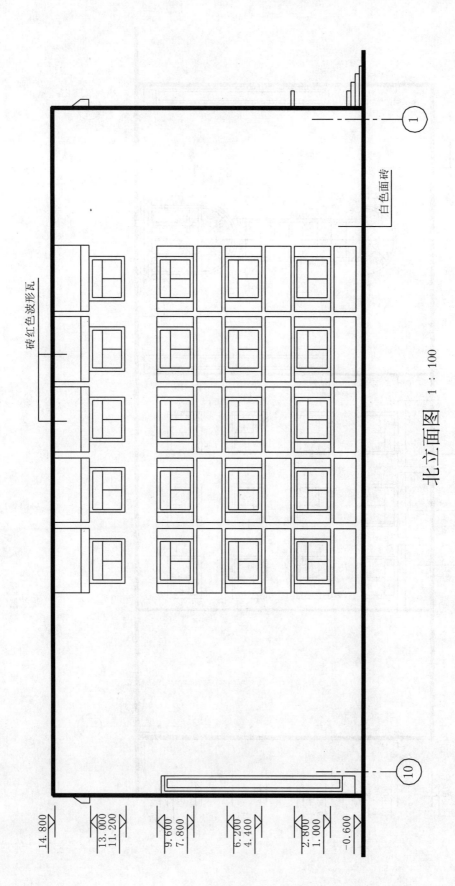

北立面图 1 : 100

图 5-23 北立面图

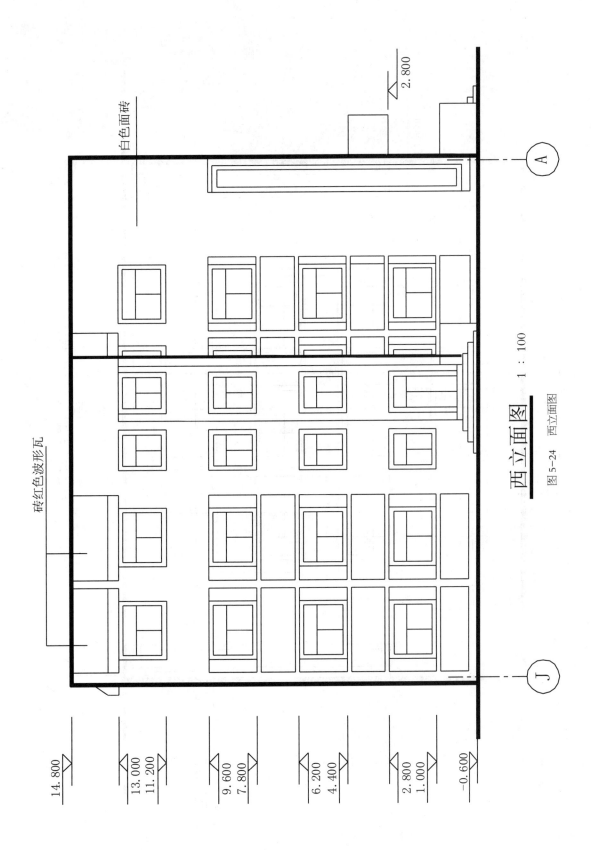

西立面图 1：100

图 5-24 西立面图

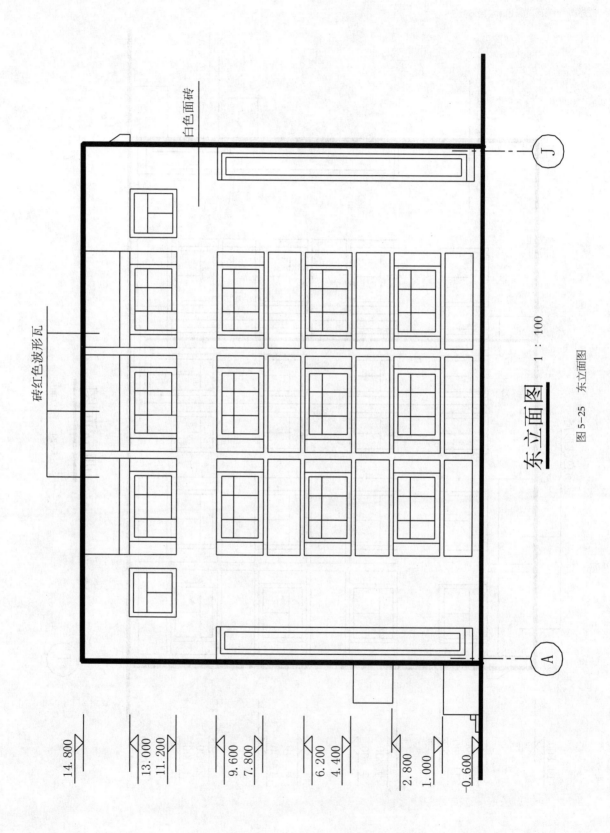

东立面图 1:100

图 5-25 东立面图

白色面砖

砖红色波形瓦

J

A

14.800

13.000
11.200

9.600
7.800

6.200
4.400

2.800
1.000

-0.600

5.4 建筑剖面图

5.4.1 建筑剖面图的形成和画法规定

（1）建筑剖面图的形成

假设用一个或一个以上的垂直于外墙轴线的铅垂剖切平面将房屋剖开，移去靠近观察者的部分，对剩余部分所作的正投影图，称为建筑剖面图，简称剖面图，如图 5-26 所示。它主要反映房屋内部垂直方向的高度、分层情况，楼地面和屋顶的构造以及各构配件在垂直方向的相互关系。它与平面图、立面图相配合，是建筑施工图的重要图样。

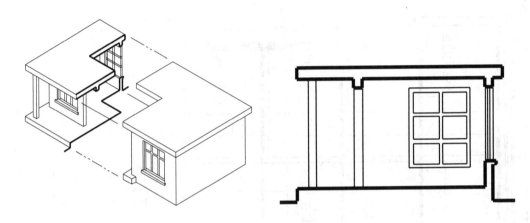

图 5-26 建筑剖面图的形成

（2）建筑剖面图的画法规定

剖面图所采用的比例与平面图、立面图相同。根据不同的绘制比例，被剖切到的构配件断面图例根据不同的绘图比例，可采用不同的表示方法。图形比例大于 1：50 时，应画出抹灰层与楼地面、屋面的面层线，并宜画出材料图例；比例等于 1：50 时，宜画出楼地面、屋面的面层线；比例为 1：100～1：200 时，材料图例可以采用简化画法，如砖墙涂红，钢筋混凝土涂黑，但宜画出楼地面、屋面的面层线。按习惯画法，除有地下室外，一般不画出基础部分。

剖面图的剖切部位，应根据房屋的复杂程度或设计深度，在平面图上选择能反映全貌、构造特征以及有代表性的部位剖切。一般剖切面应通过门窗洞口、楼梯间等结构复杂或有代表性的位置。剖面图的图名应与平面图上所标注剖切位置的编号一致，剖切符号标在底层平面图中。

在剖面图中，所剖切到的墙身、楼板、屋面板、楼梯段、楼梯平台等轮廓线用粗实线表示；未剖切到的可见轮廓线如门窗洞口、楼梯段、楼梯扶手和内外墙轮廓线用中实线（或细实线）表示；门窗扇及分格线、雨水管、尺寸线、尺寸界线、引出线和标高符号等用细实线表示；室外地坪线用加粗实线表示。如图 5-27 所示，为办公楼 1-1 剖面图。

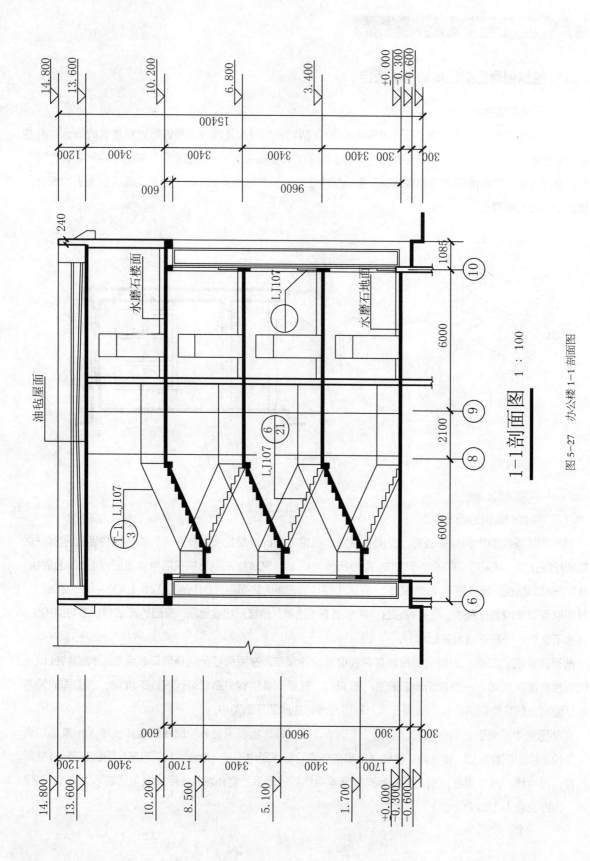

1-1剖面图 1：100

图5-27 办公楼1-1剖面图

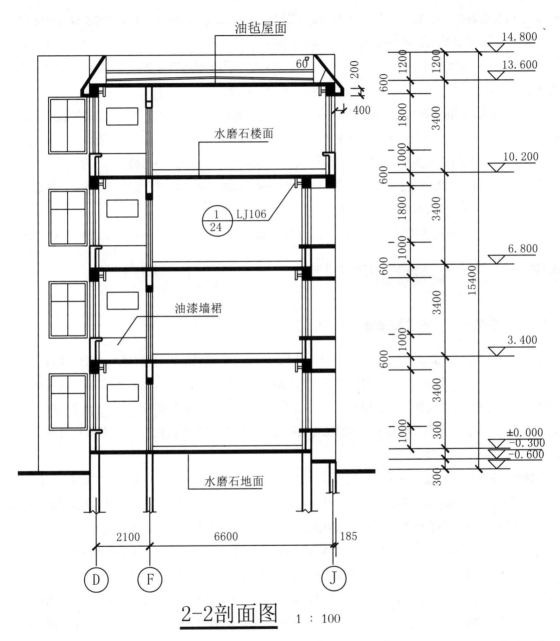

2-2剖面图 1：100

图5-28 办公楼2-2剖面图

5.4.2 建筑剖面图的识读

① 了解图名及比例。由图可知，该图为 1-1 剖面，比例为 1：100，与平面图相同。

② 了解剖面图与平面图的对应关系。将图名和轴线编号与底层平面图（图5-18）的剖切符号对照，可知 1-1 剖面图是通过在⑥～⑩轴之间剖切后，向北投影得到的剖面图。

③ 了解房屋的结构形式。从图 5-27 所示剖面图上的材料图例可以看出，该房屋的楼板均采用水磨石材料，墙体用砖砌筑，为砖混结构房屋。

④ 了解屋顶、楼地面的构造层次及做法。在剖面图中，常用多层构造引出线和文字注明屋顶、楼地面的构造层次及做法。如 5-28 所示的剖面图中，楼面为四层构造。

⑤ 了解房屋各部位的尺寸和标高情况。如 5-28 所示，剖面图中画出了主要承重墙的轴线及其编号和轴线的间距尺寸。在竖直方向注出了房屋主要部位即室内外地坪、楼层、门窗洞口上下台、檐口或女儿墙顶面等处的标高及高度方向的尺寸。在外侧竖向一般需标注细部尺寸、层高及总高三道尺寸。

⑥ 了解楼梯的形式和构造。从该剖面图可以了解楼梯的形式：每层有两个楼梯段，半圆形休息平台上也分出几级踏步。该楼梯为钢筋混凝土结构。

⑦ 了解索引详图所在的位置及编号1-1剖面图中，楼梯扶手、防滑条等的详细的形式和构造需另见详图。

5.5 建筑详图

5.5.1 详图的形成、内容和用途

由于建筑平面图、立面图、剖面图通常采用1：100等较小的比例绘制，对房屋的一些细部（也称节点）的详细构造，如形状、层次、尺寸、材料和做法等无法完全表达清楚。因此，为了满足施工的需要，必须分别将这些内容用较大的比例详细画出图样，这种图样称为建筑详图，简称详图。它是建筑细部的施工图，是对建筑平面、立面、剖面图等基本图样的深化和补充，是建筑工程细部施工、建筑构配件制作及编制预算的依据。

详图的绘制比例，一般常采用1：50、1：20、1：10、1：5、1：2、1：1等。详图的表示方法，应视该部位构造的复杂程度而定，有的只需一个剖面详图就能表达清楚，有的则需另加平面详图（如楼梯平面详图、卫生间平面详图等）或立面详图。有时还要在详图中再补充比例更大的局部详图。

一般房屋的详图有墙身节点详图、楼梯详图及室内外构配件的详图。详图要求图示的内容详尽清楚，尺寸标准、齐全，文字说明详尽。一般应表达出构配件的详细构造；所用的各种材料及其规格；各部分的构造连接方法及相对位置关系；各部位、各细部的详细尺寸；有关施工要求、构造层次及制作方法说明等。同时，建筑详图必须加注图名（或详图符号），详图符号应与被索引的图样上的索引符号相对应，在详图符号的右下侧注写比例。下面介绍某办公楼建筑施工图中常见的详图及其表达方法。

5.5.2 墙身详图

（1）表达方式及规定画法，墙身详图实质上是建筑剖面图中外墙身部分的局部放大图。它主要反映墙身各部位的详细构造、材料做法及详细尺寸，如檐口、圈梁、过梁、墙厚、雨篷、阳台、防潮层、室内外地面、

散水等，同时要注明各部位的标高和详图索引符号。详图与平面图配合，是砌墙、室内外装修、门窗安装、编制施工预算以及材料用量估算的重要依据。

　　墙身详图一般采用 1∶20 的比例绘制，如果多层房屋中楼层各节点相同，可只画出底层、中间层及顶层来表示。为节省图幅，画墙身详图可从门窗洞中间折断，成为几个节点详图的组合。

　　墙身详图的线型与剖面图一样，但由于比例较大，所有内外墙应用细实线画出粉刷线以及标注材料图例。墙身详图上所标注的尺寸和标高与建筑剖面图相同，但应标出构造做法的详细尺寸，如图 5-29 所示为某办公楼建筑墙身详图。如图 5-30、图 5-31 所示为局部构造详图。

　　(2) 墙身详图的识读现以图为例，说明墙身详图的识读步骤。

　　① 了解图名、比例。由图可知，该图为外墙身详图，比例为 1∶30。

　　② 370mm 解墙体的厚度及所属定位轴线。砖墙的厚度为 370mm，中心轴。

　　③ 了解屋面、楼面、地面的构造层次和做法。从图中可知，楼面、屋面均为四层构造，各构造层次的厚度、材料及做法，详见图中构造引出线上的文字说明。

　　④ 了解各部位的标高。

　　⑤ 了解檐口的构造做法。

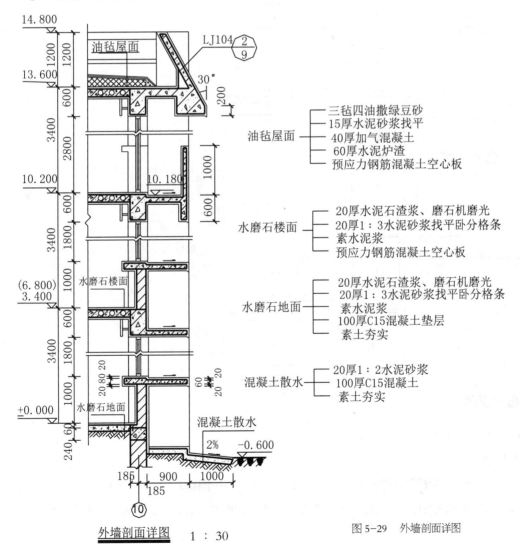

外墙剖面详图　　1∶30

图 5-29　外墙剖面详图

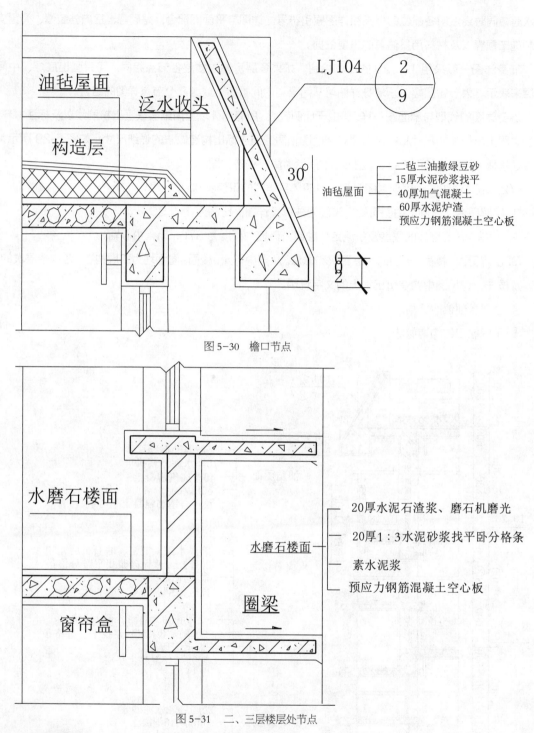

图 5-30 檐口节点

图 5-31 二、三层楼层处节点

5.5.3 楼梯详图

楼梯详图一般包括楼梯平面图、剖面图和节点详图。

（1）楼梯平面图

楼梯平面图是用一个假想的水平剖切平面通过每层向上的第一个梯段的中部（休息平台下）剖切后，向下作正投影所得到的投影图。它实质上是房屋各层建筑平面图中楼梯间的局部放大图，通常采用 1：50 的比例绘制。

三层以上房屋的楼梯，当中间各层楼梯位置、梯段数、踏步数都相同时，通常只画出底层、中间（标准）层和顶层三个平面图；当各层楼梯位置、梯段数、踏步数不相同时，应画出各层平面图。各层被剖切到的梯段，均在平面图中以 45° 细折断线表示其断开位置。在每一梯段处画带有箭头的指示线，并注写"上"或"下"字样。

通常，楼梯平面图画在同一张图纸内，并互相对齐，这样既便于识读又可省略标注一些重复尺寸。现以前述某办公楼楼梯的平面图为例，说明楼梯平面图的识读步骤。

① 了解楼梯在建筑平面图中的位置及有关轴线的布置。对照图 5-17 底层平面图可知，此楼梯位于横向 6～8 轴线、纵向 A～B 轴线之间。

② 了解楼梯间、梯段、梯井、休息平台等处的平面形式和尺寸以及楼梯踏步的宽度和踏步数。该楼梯间平面为矩形与半圆形的组合。其开间为 3600mm、进深为 4500mm；矩形部分踏步宽为 260mm。

③ 了解楼梯的走向及上、下起步的位置。由各层平面图上的指示线，可看出楼梯的走向。

④ 了解楼梯间各楼层平面、休息平台面的标高。各楼层平面的标高在图中均已标出，转折处设置休息平台。

⑤ 了解中间层平面图中不同梯段的投影形状。中间层平面图既要画出剖切后往上走的上行梯段（注有"上"字），也要画出该层往下走的下行的完整梯段（注有"下"字），继续往下的另一个梯段有一部分投影可见，用 45° 折断线作为分界，与上行梯段组合成一个完整的梯段。

⑥ 了解楼梯间的墙、门、窗的平面位置、编号和尺寸。

⑦ 了解楼梯剖面图在楼梯底层平面图中的剖切位置及投影方向。如图 5-32 所示，剖面图底层楼梯平面图中的剖切符号，并表示出剖切位置及投影方向。

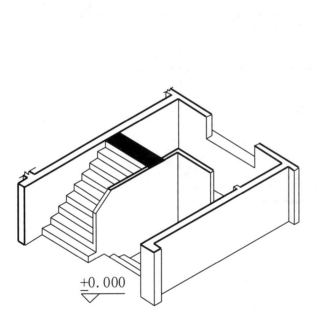

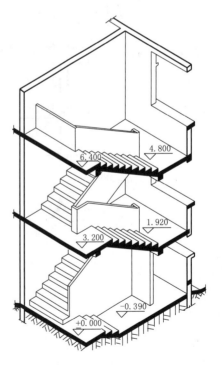

图 5-32

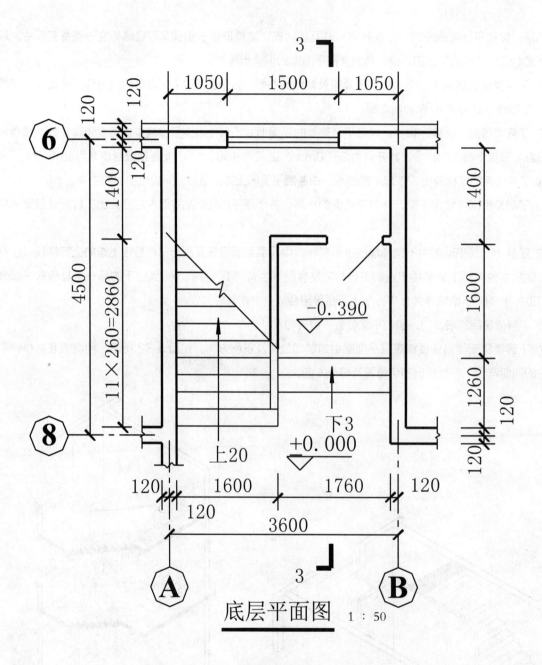

底层平面图 1：50

图 5-33

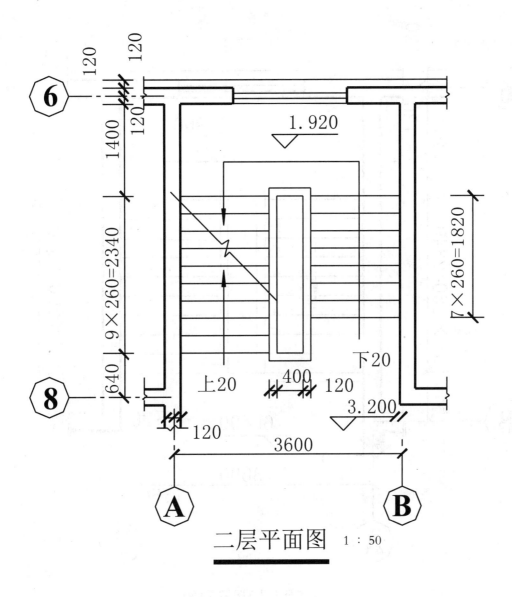

二层平面图　1：50

图 5-34

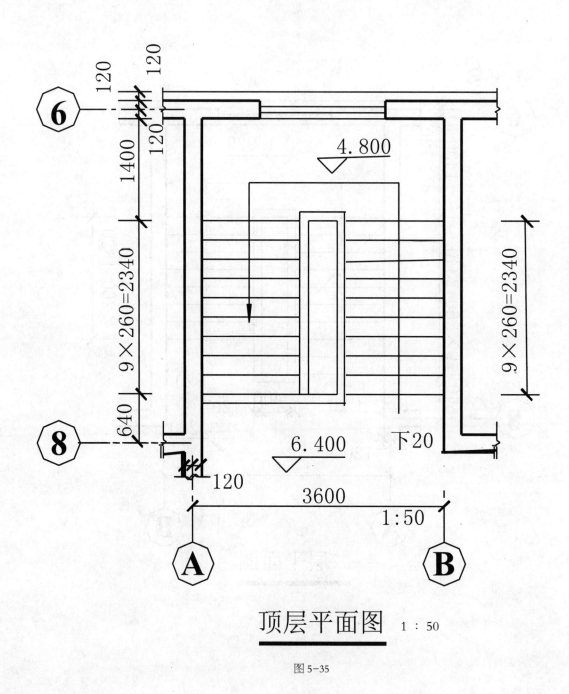

顶层平面图 1：50

图 5-35

（2）楼梯剖面图

楼梯剖面图是用一个假想的铅垂剖切平面，通过各层的同一位置梯段和门窗洞口，将楼梯剖开向另一未剖到的梯段方向作正投影，所得到的剖面投影图。通常采用 1 ：50 的比例绘制。

在多层房屋中，若中间各层的楼梯构造相同时，则剖面图可只画出底层，中间层（标准层）和顶层，中间用折断线分开；当中间各层的楼梯构造不同时，应画出各层剖面。

楼梯剖面图宜和楼梯平面图画在同一张图纸上。习惯上，屋顶可以省略不画，现以图 5-36 为例，并参照楼梯平面图，说明楼梯剖面图的识读步骤。

① 了解图名、比例。由 3-3 剖面图，可在楼梯底层平面图中找到相应的剖切位置和投影方向，比例为 1 ：50。

② 了解轴线编号和轴线尺寸。该剖面图墙体轴线编号为 6 和 8，其轴线间尺寸为 4500mm。

③ 了解房屋的层数、楼梯梯段数、踏步数。该办公楼共有四层，每层的梯段数和踏步数详见图中所示。

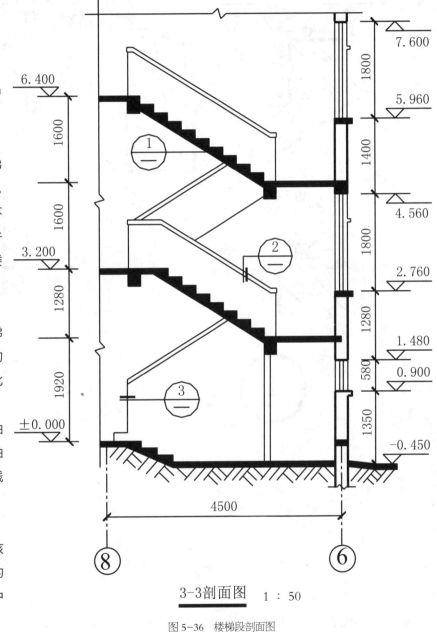

3-3剖面图　1 ：50

图 5-36　楼梯段剖面图

④ 了解楼梯的竖向尺寸和各处标高。3-3 剖面图的左侧注有每个梯段高为 3200mm，并且标出楼梯间的窗洞高度为 1800mm。

⑤了解踏步、扶手、栏板的详图索引符号。从图中的索引符号知，扶手、栏板和踏步的详细做法可参考楼梯节点详图。

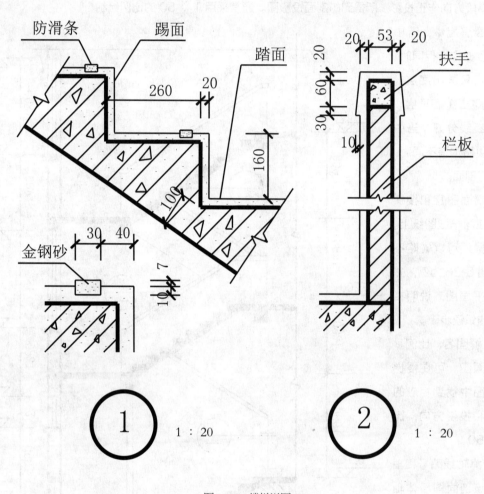

图 5-37　楼梯详图

（3）楼梯节点详图

楼梯平、剖面图只表达了楼梯的基本形状和主要尺寸，还需要用详图表达各节点的构造和细部尺寸。

楼梯节点详图主要包括楼梯踏步、扶手、栏杆（或栏板）等详图。如图 5-39 所示，为楼梯节点详图，其中栏杆为中 16 钢筋，扶手由 50mm 钢管焊接而成。有时常选用建筑构造通 用图集中的节点做法，与详图索引符号对照可查阅有关标准图集，得到它们的断面形式、细部尺寸、用料、构造连接及面层装修做法等。

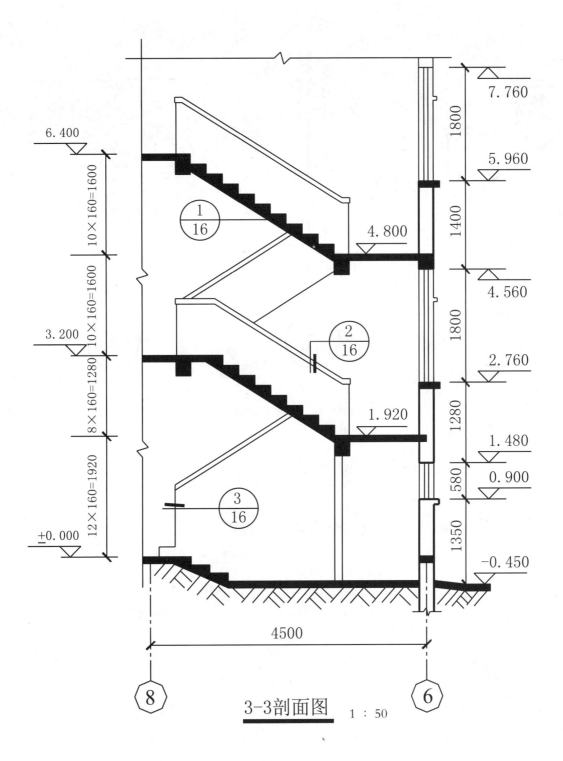

3-3剖面图　1：50

图 5-38

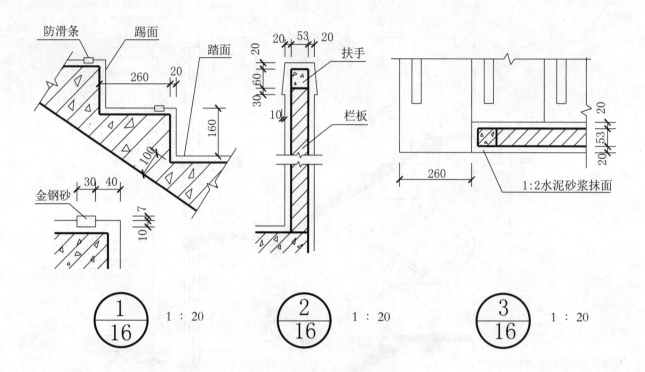

图 5-39 楼梯节点详图

第6章 住宅建筑室内装饰工程图识读

6.1 住宅建筑室内装饰工程图的内容与画法规定

6.1.1 住宅室内装饰工程图的内容

住宅建筑室内装饰工程图是在住宅建筑设计的基础上进行的以满足人们居住的使用功能和视觉效果而进行的深化设计图纸。由于选用材料的多样性，在制图和识图上有其自身的特点，如图样的组成、施工工艺及细部做法的表达等都有不同。

室内装饰装修设计同样需经方案和施工图设计两个阶段。方案设计阶段是根据业主要求、现场情况以及有关规范、设计标准等，以透视效果图、平顶布置图、室内立面图、主要尺寸、设计说明等形式，将方案设计表达出来。经修改补充，取得合理方案后，报业主或有关主管部门审批，再进入施工图设计阶段。施工图设计是装饰设计的主要程序，目的是绘制指导施工的图样。

6.1.2 建筑室内装饰工程图的组成和编排次序

（1）组成

室内装修施工图纸按工种分类，由总平面、立面、天花、采暖水电几个工种的图纸组成。各工种的图纸有分基本图、详图两部分。基本图纸表明全局性的内容；详图表明某一构件或某一局部的详细尺寸的材料做法等。

（2）编排次序

一个室内装修工程施工图纸的编排顺序是方案封面、图纸目录、设计说明、效果图（重点部位或房间）、原始结构平面图、放线拆改图、平面布置图、地面铺装图、顶面天花图、灯位布局图、室内立面图、剖面图、局部详图、给水排水图、明弱电线路布置图、工程预算书等。其中设计说明，平面布置图、楼地面铺装图、顶棚平面图、室内立面图为基本图纸，表明施工内容的基本要求和主要做法，墙面装饰装修剖面图、装饰装修详图为施工的详细图纸，用于表明内外材料选用、细部尺寸、凹凸变化、工艺做法等。图纸的编排也以上述顺序排列。室内装饰装修图纸，应按楼层自下而上的顺序排列。同楼层各区段的室内装饰装修图纸应按主、次区域和内容的逻辑关系排列；先施工的在前，后施工的在后；重要图纸在前，次要图纸在后。图纸目录和总说明附于施工图之前。

① 图纸目录：应逐一写明序号、图纸名称、张数、图号顺序和备注等。标注编制日期，并盖设计单位

设计专用章。规模较大的建筑装饰装修工程设计，图纸数量一般很大，需要分册装订，通常为了便于施工作业，以功能分区为单位进行编制，但每个编制分册都应包括图纸总目录。其目的为便于查找图纸。

② 设计说明：主要说明工程的概况和总的要求。内容包括施工图设计的依据；设计施工标准（应写明装饰设计在结构和设备等技术方面对原有建筑进行改动的情况、采暖通风要求、照明标注）；施工要求（如施工技术及材料的要求等），一般总说明放在施工图内。

③ 平面布置图：包括所有楼层的平面尺寸图、家具布置图、索引图等。详细包括：

A. 家具布置图：应标注所有可移动的家具和隔断的位置、布置方向、柜门或橱门开启方向，同时还应确定家具上摆放物品的位置，如电话、电脑、台灯、各种电器等。标注定位尺寸和其他一些必要尺寸。

B. 卫生洁具布置图：卫生洁具布置图在规模较小的装饰设计中可以与家具布置图合并。在一般情况下，应标明所有洁具、洗涤池、上下水立管、排污孔、地漏、地沟的位置，并注明排水方向、定位尺寸和其他必要尺寸。

C. 绿化布置图：绿化布置图在规模较小的装饰设计中可以与家具布置图合并，规模较大的装饰设计如需园林专业配合，则必须根据建设方需要，另请专业单位出图。一般情况下应确定盆景、绿化、草坪、假山、喷泉、踏步和道路的位置，注明绿化品种、定位尺寸和其他必要尺寸。

D. 电气设施布置图：一般情况下可省略，如需绘制，则应标明地面和墙面上的电源插座，通讯和电视信号插孔、开关、固定的地灯和壁灯、暗藏灯具等的位置，并标注必要的材料和产品编号、型号、定位尺寸。

E. 防火布置图：应注明防火分区、消防通道、消防监控中心、防火门、消防前室、消防电梯、疏散楼梯、防火卷帘、消火栓、消防按钮、消防报警等位置，标注必要的材料和设备编号、型号、定位尺寸和其他必要尺寸。

F. 如果楼层平面较大，可就一些房间和部位的平面布置单独绘制局部放大图，同样也应符合以上规定。

④ 顶面天花图，应共同包括以下内容：

A. 应与平面图一致，标明柱网和承重墙、主要轴线和编号、轴线间尺寸和总尺寸。

B. 标明装饰设计调整过后的所有室内外墙体、管井、电梯和自动扶梯、楼梯和疏散楼梯、雨棚和天窗等的位置，注全名称。

C. 标注顶棚（天花）设计标高。

D. 标注索引符和编号、图纸名称和制图比例。

⑤ 电气施工图：主要表示电气线路走向及安装要求。图纸包括平面图、系统图、接线原理图以及详图等。

6.1.3 建筑室内装饰工程图的画法规定

（1）图样的比例

由于人的活动需要，装饰装修空间要有较大的尺度，为了在图纸上绘制施工图样，通常采用缩小的比例，绘制比例，如表 6-1 所列。

表 6-1　室内制图常用比例

图名	常用比例
平面图、顶棚图	1：200　1：100　1：50

（续表）

立面图	1：100 1：50 1：30 1：20
结构详图	1：50 1：30 1：20 1：10 1：5 1：2 1：1

（2）图例符号

建筑装饰装修施工图的图例符号应符合《房屋建筑制图统一标准》、《建筑制图标准》和《房屋建筑室内装饰装修制图标准》等有关规定，常用平面图例，如图 6-1 所示。

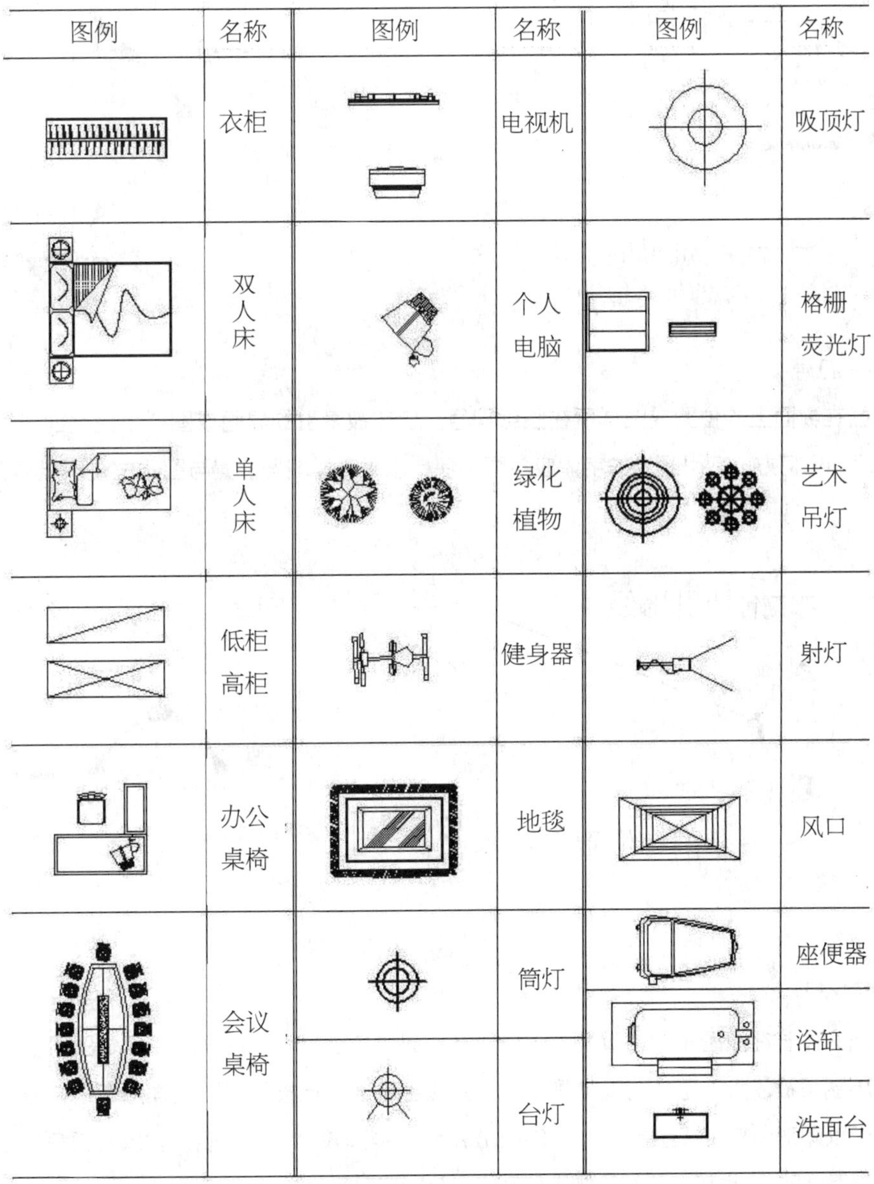

图例	名称	图例	名称	图例	名称
	衣柜		电视机		吸顶灯
	双人床		个人电脑		格栅荧光灯
	单人床		绿化植物		艺术吊灯
	低柜高柜		健身器		射灯
	办公桌椅		地毯		风口
	会议桌椅		筒灯		座便器
			台灯		浴缸
					洗面台

图 6-1 建筑装饰施工图常用平面图例

（3）索引符号

建筑室内装饰施工图索引符号根据用途的不同，可分为立面索引符号、剖切索引符号、详图索引符号等。

① 立面索引符号

表示室内立面在平面上的位置及立面图所在图纸编号，应在平面图上使用立面索引符号，由一个等边直角三角形和细实线圆圈（直径为 8～12mm）组成。圆圈内应注明编号及索引图所在页码。立面索引符号应附以三角形箭头，且三角形箭头方向应与投射方向一致，圆圈中水平直径、数字及字母（垂直）的方向保持不变，圆圈上半部的字母或数字为立面图的编号，下半部的数字为该立面图所在图纸的编号，如图 6-2 所示。

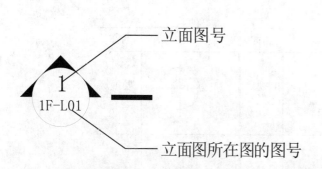

图 6-2　立面索引符号

② 剖切索引符号

表示剖切面在界面上的位置或图样所在图纸编号，应在被索引的界面或图样上使用剖切索引符号，无论剖切视点角度朝向何方，索引圆内的字体应与图幅保持水平，详图号位置与图号位置不能颠倒，如图 6-3 所示。

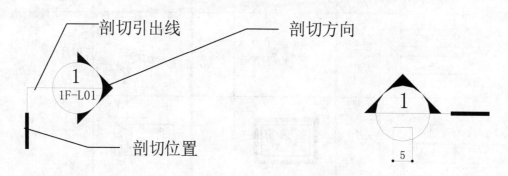

图 6-3　剖切索引符号

③ 详图索引符号

表示局部放大图样在原图上的位置及本图样所在页码，应在被索引图样上使用详图索引符号。索引图样时，应以引出圈将被放大的图样范围完整圈出，并应由引出线连接引出圈和详图索引符号。图样范围较小的引出圈，应以圆形中枢虚线绘制，如图 6-4(a) 所示；范围较大的引出圈，宜以有弧角的矩形中粗虚线绘制，如图 6-4(b) 所示；也可以云线绘制，如图 6-4(c) 所示。

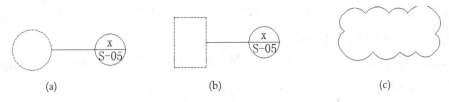

(a)　　　　　　　　(b)　　　　　　　　(c)

图6-4　详图索引符号

索引符号中的编号除应符合《房屋建筑制图统一标准》的规定外，还应符合下列规定：

① 当引出图与被索引的详图在同一张图纸内时，应在索引符号的上半圆中用阿拉伯数字或字母注明该索引图的编号，在下半圆中间画一段水平细实线。

② 当引出图与被索引的详图不在同一张图纸内时，应在索引符号的上半圆中用阿拉伯数字或字母注明该详图的编号，在索引符号的下半圆中用阿拉伯数字或字母注明该详图所在图纸的编号。数字较多时，可加文字标注。

③ 在平面图中采用立面索引符号时，应采用阿拉伯数字或字母为立面编号代表各投视方向，并以顺时针方向排序。

（4）图名编号

① 房屋建筑室内装饰装修的图纸宜包括平面图、索引图、顶棚平面图、立面图面图、详图等。

② 图名编号应由圆、水平直径、图名和比例组成。圆及水平直径均应由细实线绘制，圆直径根据图面比例，可选择 8～12mm。

③ 图名编号的绘制应符合下列规定：用来表示被索引出的图样时，应在图号圆圈内画一水平直径，上半圆中应用阿拉伯数字或字母注明该图样编号，下半圆中应用阿拉伯数字或字母注明该图索引符号所在图纸编号，当索引出的详图图样与索引图同在一张图纸内时，圆内可用阿拉伯数字或字母注明详图编号，也可在圆圈内画一水平直径，且上半圆中应用阿拉伯数字或字母注明编号，下半圆中间应画一段水平细实线，如图6-5所示。

图6-5　图名编号

（5）其他

其他如标高符号，引出线可参考第五章介绍。

6.2 住宅建筑室内装修图的识读与画法

6.2.1 住宅室内平面图的识读与画法

住宅室内平面布置图是装饰装修施工图中的主要图样，它是根据设计原理、人体工学以及用户的要求画出用于反映建筑平面布局、装饰空间及功能区域的划分、家具设备的布置、绿化及陈设的布局等内容的图样，是确定装饰空间平面尺度及装饰形体定位的主要依据。平面布置图决定室内空间的功能及流线布局，是顶棚设计、墙面设计的基本依据和条件，平面布置图确定后再绘制楼地面平面图、顶棚平面图、墙（柱）面装饰立面图等图样。通常应包含以下内容：

① 建筑平面图的基本内容，如墙柱与定位轴线、房间布局与名称、门窗位置及编号、门的开启方向等。

② 室内楼（地）面标高。

③ 室内固定家具、活动家具、家用电器等位置。

④ 装饰陈设、绿化美化等位置及图例符号。

⑤ 室内立面图的立面索引符号。

⑥ 室内现场制作家具的定形、定位尺寸。

⑦ 房屋外围尺寸及轴线编号等。

⑧ 索引符号、图名及必要的说明等。

（1）平面布置图的形成与表达

平面布置图是假想用一个水平剖切平面，沿着每层的门窗洞口位置进行水平剖切，移去剖切平面以上的部分，对以下部分所作的水平正投影图。剖切位置选择在每层门窗洞口的高度范围内，剖切位置不必在室内立面图中指明。平面布置图与建筑平面图一样，实际上是一种水平剖面图，但习惯上称为平面布置图，其常用比例为 1：50、1：75、1：100、1：150。

平面布置图中剖切到的墙、柱轮廓线等用粗实线表示；未剖切到但能看到的内容用细实线表示，如家具、地面分格、楼梯台阶等。在平面布置图中门扇的开启线宜用细实线表示。

（2）平面布置图的识读与画法规定

现以图 6-9 中某小区一套三室二厅的家庭住宅的室内平面布置图为例加以说明。

① 先浏览平面布置图中各房间的功能布局、图样比例等，了解图中基本内容。从图中看到住宅室内房间布局主要有南侧客厅、餐厅，北侧的小孩房、卫生间等区域。此图比例为 1：75。

② 注意各功能区域的平面尺寸、地面标高、家具及陈设等的布局。客厅是住宅布局中的主要空间，入门就是这套居室的面积比较大客厅。客厅开间 6.285m、进深 4.225m，布置有电视柜、沙发、茶几等家具，地面的地板上铺有一块地毯、一组沙发和一只茶几占据了客厅中主要的室内陈设位置。在它们的对面靠墙的电视柜上有一台电视，从表达的图例符号可以看出电视柜的左侧放有空调；客厅与餐厅相连，客厅地面标高为 ±0.000，装饰物有花景小品等。图中空间流线清晰、布局合理。客厅的左侧直接通向阳台，客厅的右侧可以兼作餐厅，与厨房入口接近；住宅室内共设有主、次两间卧室和一间小孩房、书房；卫生间位于主次卧室与书房之间；在客厅大门内侧还布置有玄关鞋柜。在平面布局图中，家具、绿化、陈设等应按比例绘制，一般选用细线表示。与客厅连通的空间是餐厅及过厅，通过走道可以进入各个空间。图中餐厅有一面墙设有酒水柜，餐厅布置有 6 人餐桌。主卧室即这套住宅中较大的卧室，主卧室中以双人床为陈设中心，床头的两侧各摆放一只床头柜，其上各放置一盏白炽灯的台灯，靠房间内侧的墙边陈设有柜类家具，房间的中部床前部地面上铺有一块地毯。次卧室是这套住宅中较小的卧室。由于其面积较小，卧室中的家具只配置有床、床头柜、衣柜等几种主要家具。小孩房主要是供家庭中小孩休息和学习使用，室内主要位置是一张单人床和靠墙摆放的柜类家具。

书房设有写字台、书柜、椅子等家具。厨房中的虚线表示煤气灶上方的吊柜，灶台右侧设有洗菜池。卫生间分主卫和客卫。

③ 理解平面布置图中的立面索引符号。为表示室内立面在平面图中的位代及名称，如图 6-22 所示客厅中绘出了四面墙面的立面索引符号，即以该符号为站点分别以 01、02、03、04，四个方向观看所指的墙面，并且以该字母命名所指墙面立面图的编号。

④ 识读平面布置图中的详细尺寸。平面布置图中要标注新建墙面的尺寸，如图 6-11 所示的新建墙面。在平面布置图的外围，一般应标注两道尺寸：第一道为房屋门窗洞口、洞间墙体或墙垛的尺寸，第二道为房屋开间及进深的尺中。当室外房屋周围有台阶等构配件时，也应标注其定形、定位尺寸。

平面图的画法规定：

① 除顶棚平面图外，各种平面图应按正投影法绘制。

② 平面图宜取视平线以下适宜高度水平剖切俯视所得，并根据表现内容的需要，可增加剖视高度和剖切平面。

③ 平面图应表达室内水平界面中正投影方向的物象，且需要时，还应表示剖切位置中正投影方向墙体的可视物象。

④ 局部平面放大图的方向宜与楼层平面图的方向一致。

⑤ 平面图中应注写房间的名称或编号，编号应注写在直径为 6mm 细实线绘制的圆圈内，其字体大小应大于图中索引文字标注，并应在同张图纸上列出房间名称表。

⑥ 对于平面图中的装饰装修物件，可注写名称或用相应的图例符号表示。

⑦ 在同一张纸上绘制多于一层的平面图时，应按《建筑制图标准》的规定执行。

⑧ 对于较大的房屋建筑室内装饰装修平面，可分区绘制平面图，且每张分区平面图均应以组合示意图表示所在位置。对于在组合示意图中要表示的分区，可采用阴影线或填充色块表示。各分区应分别用大写拉丁字母或功能区名称表示。各分区视图的分区部位及编号应一致，并应与组合示意图对应。

⑨ 房屋建筑室内装饰装修平面起伏较大的呈弧形、曲折形或异形时，可用展开图表示，不同的转角面应用转角符号表示连接，且画法应符合《建筑制图标准》的规定。

⑩ 在同一张平面图内，对于不在设计范围内的局部区域应用阴影线或填充色块的方式表示。

⑪ 为表示室内立面平面上的位置，应在平面图上表示出相应的索引符号。

⑫ 对于平面图上未被剖切到的墙体立面的洞等，在平面图中可用细虚线连接表明其位置。

⑬ 房屋建筑室内各种平面中出现异形的凹凸形状时，可用剖面图表示。

（3）地面铺装图

地面铺装图同平面布置图的形成一样，所不同的是地面布置图不画家具及绿化等布置，只画出地面的装饰分格，标注地面材质、尺中和颜色、地面标高等。地面铺装图的常用比例为 1：50、1：75、1：100、1：150。图中的地面分格采用细实线表示，其他内容按平面布置图要求绘制。

如图 6-12 所示，完整地绘制出了每个房间的地面构造情况。从图样中的图例和文字符号标注可以看到三间卧室和书房地面铺装的是实木地板，其他主要房间如客厅、餐厅、卫生间为玻化砖地面。客厅、餐厅为 800mm×800mm 白色玻化砖加黑色大理石方形拼花造型铺贴；厨房、卫生间这两个房间则全部铺装 300mm×300mm 防滑地砖，同时厨房和卫生间中还绘制有给排水的地漏符号。踢脚线的规格是 120mm×120mm。小阳台是用规格为 600mm×600mm 的玻化地砖铺成。门槛地面均设黑色大理石以区分其他地面。

地面铺装图的图示内容:

地面铺装图上要以反映地面装饰风格、材料选用为主，图示内容有:

① 建筑平面图的基本内容。

② 室内楼地面材料选用、颜色分格尺以及地面标高等。

③ 楼地面拼花造型。

④ 索引符号、图名及必要的说明。

图 纸 目 录

序号	图号	图纸内容	图幅	序号	图号	图纸内容	图幅
01		目录	A3	21	LM-08	主卫立面图	A3
02	SJ-01	设计说明	A3	22	LM-09	过道立面图	A3
03	P-01	原始平面图	A3	23	LM-10	衣帽间/客餐厅立面图	A3
04	P-02	平面布置图	A3	24	X-01	柜体详图1	A3
05	P-03	墙体拆除尺寸图	A3	25	X-02	柜体详图2	A3
06	P-04	新建墙体尺寸图	A3	26	X-03	客卫台盆柜详图	A3
07	P-05	地面铺装平面图	A3	27	X-04	主卫台盆柜详图	A3
08	P-06	平面索引图	A3	28	X-05	线条放样图	A3
09	P-07	天花布置图	A3	29	X-06	线条放样图	A3
10	P-08	天花灯具定位图	A3	30	DY-01	剖面图1	A3
11	P-09	照明开关布置图	A3	31	DY-02	剖面图2	A3
12	P-10	强电插座布置图	A3	32	DY-03	剖面图3	A3
13	P-11	弱电插座布置图	A3	33	DY-04	剖面图4	A3
14	LM-01	客餐厅立面图	A3	34	DY-05	剖面图5	A3
15	LM-02	主卧室立面图	A3	35			A3
16	LM-03	次卧室立面图	A3	36			A3
17	LM-04	小孩房立面图	A3	37			A3
18	LM-05	书房立面图	A3	38			A3
19	LM-06	厨房立面图	A3	39			A3
20	LM-07	客卫立面图	A3	40			A3

图 6-6　目录

说　明

序号	说　明
1	木结构与水有接触的空间，均采用防腐、防蛀处理。
2	所用木龙骨规格采用30~40，如遇特殊情况，依据现场选用。
3	工程天花所用龙骨采用30~40木龙骨基层，纸面石膏板厚度均为9.5mm厚。
4	隔墙龙骨、吊顶隐蔽龙骨内木结构防火涂料不得少于0.5kg/m²。
5	主卫、次卫地面、隔墙从地面至1.8m高处均做防水处理，防水施工前对施工区域用1：2.5水泥砂浆找平，做防水时需对墙进行涂抹。
6	圆角重点处理，防水层完成后需要对防水层做素水泥砂浆保护层，储水检测时间需大于48小时。
7	地面整体找平时，采用水泥砂浆找平。
8	图中涉及原建筑窗以现场实际情况为准。本图仅为示意。
9	大面积地面回填及抬高尽量使用陶粒等轻质材料。
10	所有石材大面做防护处理。
11	窗帘盒顶面上部隐蔽空间均以工艺收边，窗户外窗上沿玻璃贴上沿白色磨砂膜解决或者以固定形眉安装解决，但需注意从外观效果控制。
12	窗台板的长度视需小于1200mm。
13	固窗观原因，图纸尺寸与现场不符，在不影响效果的前提下，可自行调整；如差距过大，请联系设计方。
14	设计图纸以上相关标准、未尽事宜，遵照国家有关建筑装饰标准执行。
15	本套图纸中标明"甲购"字样的，均为工程完工后甲方自购。
16	
17	
18	
19	
20	
21	
22	
23	
24	
25	

木工程选用材料、胶粘剂、配件等，对有放射性、有害挥发气体物质等环保要求的，必须符合国家现定的标准规定，并附有相关的检测报告、准可证、质量检验保证书等资料。

1. 木工程图纸中所注尺寸除另除高度以图纸上量高度以图纸上量量为单位外，其余均以毫米为单位（mm）。
2. 不可以任何形式从图纸上量取尺寸，所有尺寸以标注为准。
3. 本工程以地面装饰完成面为相对标高±0.000。
4. 施工作业应符合《建筑装饰装修工程施工规程》。
5. 施工质量应符合：
   GB50210-2001《建筑装饰装修工程质量验收规范》
   GB50209-2002《建筑地面工程施工质量验收规范》
   GB50242-2002《建筑给排水及采暖工程质量验收规范》
   GB50303-2002《建筑电器工程施工质量验收规范》
6. 各种槽地面等大宗装饰材料，需先取样品。
7. 施工中发现图纸矛盾或未明了处以及有材料、颜色等变动情况，施工方必要时会同业主会同设计人共同选定后订货。
8. 施工过程中对所有涉及的半成品和成品需采取有效的保护措施。
9. 各专业工种在施工时应密切配合、协调。

图6-7　设计说明

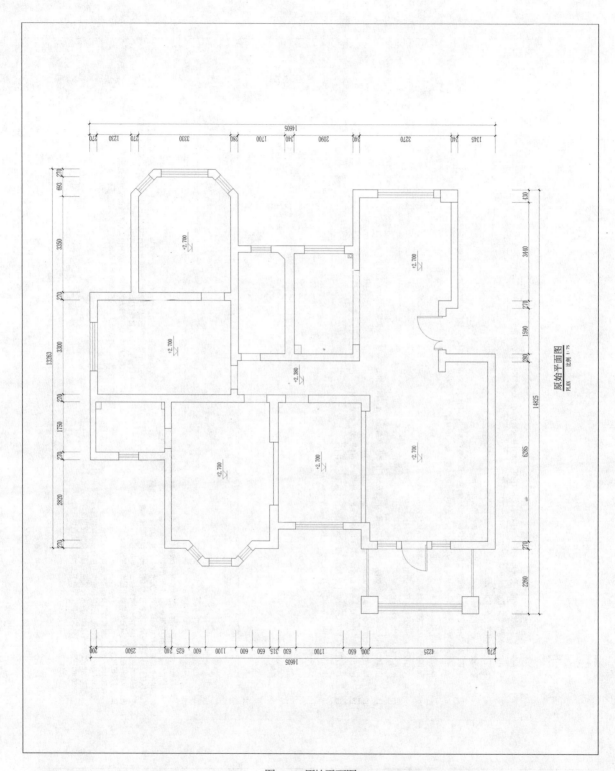

图 6-8　原始平面图

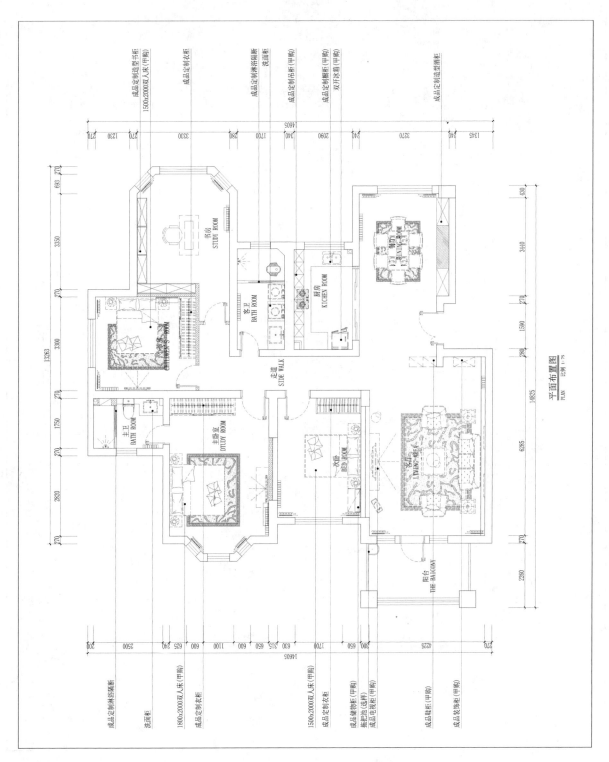

图6-9　平面布置图

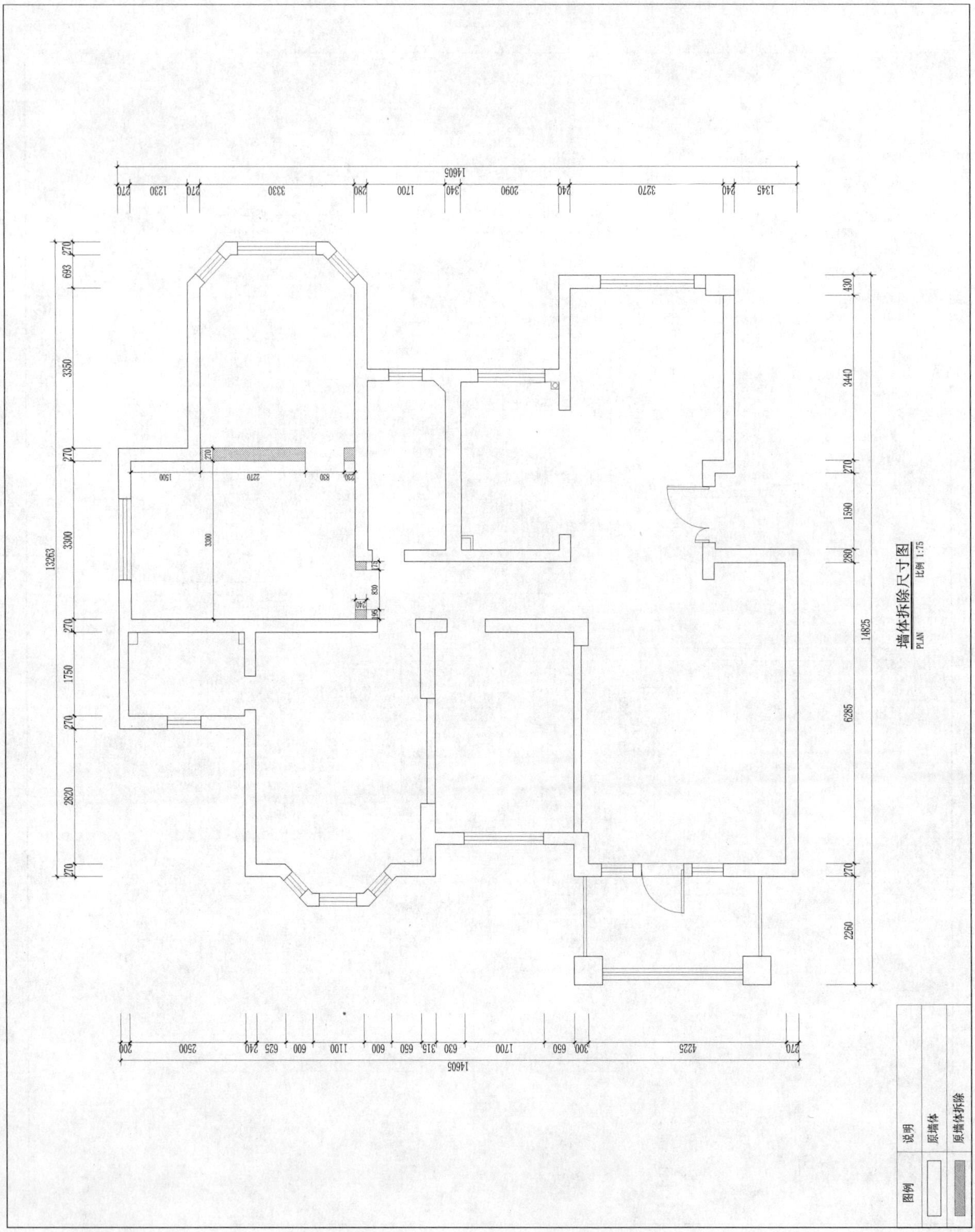

图 6-10　墙体拆除尺寸图

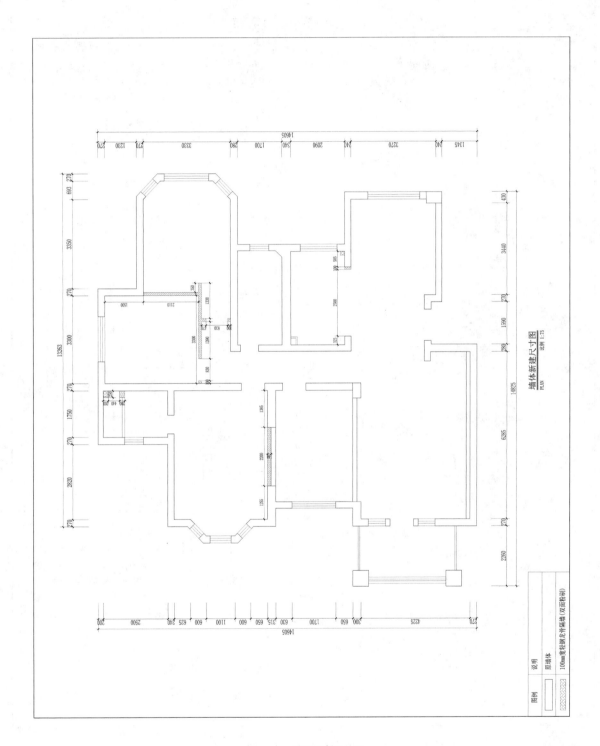

图 6-11 墙体新建尺寸图

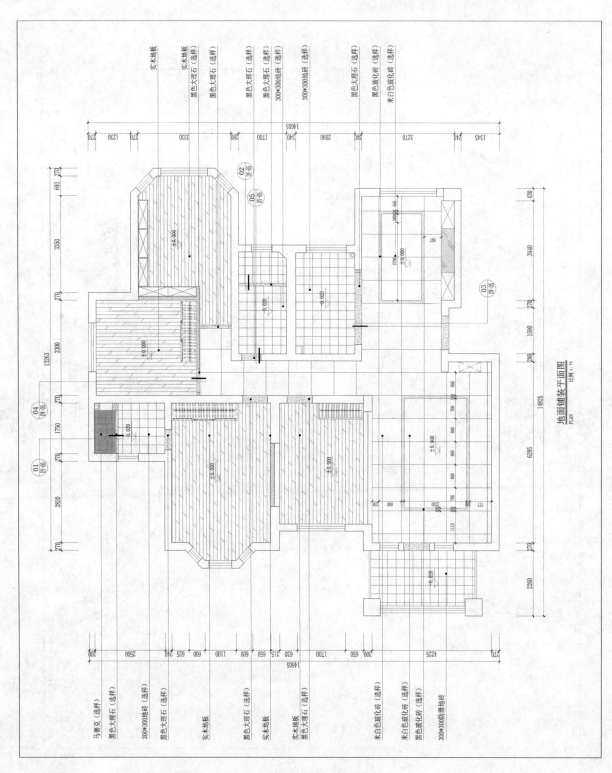

图 6-12　地面铺装平面图

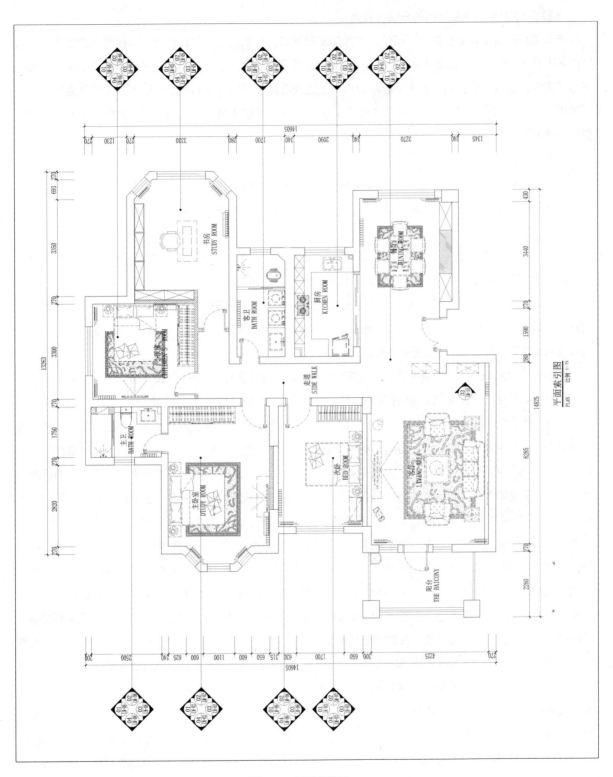

图 6-13　平面索引图

6.2.2 住宅室内天花图的识读与画法

（1）住宅室内天花平面图的形成与表达

天花平面图是以镜像投影法画出的反映顶棚平面形状、灯具位置、材料选用、尺标高及构造做法等内容的水平镜像投影图，如图 6-14 所示，是装饰施工的主要图样之一。它是假想以一个水平剖切平面沿顶棚下方门窗洞口位置进行剖切，移去下面部分后对上面的墙体、顶棚所作的镜像投影图。顶棚平面图的常用比例为 1：50、1：75、1：100、1：150。在顶棚平面图中剖切到的墙柱用粗实线表示，未剖切到但能看到的顶棚、灯具、风口等用细实线表示。

（2）天花图的识读

① 在识读顶棚平面图前，应了解顶棚所在房间平面布置图的基本情况。因为在装饰设计中，平面布置图的功能分区、交通流线及尺度等与顶棚的形式、底面标高、选材等有着密切的关系。只有了解平面布置，才能读懂顶棚平面图。

② 识读天花造型、灯具布置及其底面标高。天花造型是室内设计中的重要内容。天花吊顶有直接吊顶和悬吊吊顶（简称吊顶）两种。吊顶又分叠级吊顶和平吊顶两种形式。

天花的底面标高是指天花装饰完成后的表面高度，相当于该部位的建筑标高。但为了便于施工和识读的直观，习惯上将天花底面标高都按所在楼层地面的完成面为起点进行标注。如图 6-14 中的 "2.700" 标高即指从住宅室内客厅地面到天花的高度。

图中央为吊灯符号，在周边吊顶内的小圆圈代表筒灯，虚线部分代表吊顶内的灯槽板。

③ 明确天花尺寸、做法。如图 6-14 所示，客厅 "2.400" 标高为吊顶顶面标高，此处吊顶宽为400mm，做法为轻钢龙骨纸面石膏板饰面，刮白后罩白色乳胶漆。内侧虚线代表隐藏的灯槽板，其中设有荧光灯带，外侧两条细实线代表吊顶檐口有石膏线造型，每步宽为 50mm。从图 6-14 中看到餐厅吊顶中有一个直径为 3000mm 的方形造型，正中有一盏吊灯。2.700m 标高为板底直接天花装饰完成面标高，方形外侧吊顶标高为 2.400m。客厅是与阳台融为一体的，但从天花设计图看，在客厅与阳台之间的门洞处，上方的梁将棚面分为两部分。因此，室内棚面的吊顶也同样分成两个：一个是阳台的吊顶，从整个阳台棚面只有一个标高符号可以看出它是平顶，吊顶的棚面是纸面石膏板，棚面距楼地面的高度是 2.700mm，与住宅室内的基础标高是有一定的差距；另一个就是客厅内部的天花吊顶，其造型比较复杂。首先观察客厅的标高符号显示 2.700m，顶面刮白刷乳胶漆；表示该处棚面造型的高度比基础顶面低 0.050m；与餐厅相连的最大棚面，其标高为 2.700m。分析表明客厅吊顶天花共两层，方形棚面用纺织物高级壁纸裱糊；下层吊顶有下浮式方形棚圈造型，其棚面刷乳胶漆。另外，在方形棚圈吊顶的内侧边缘有 50mm 宽的石膏线型，而在棚面与墙面的交角处有 80mm 宽的石膏造型线。在客厅的天花图上还表达了照明灯具的安装位置，在阳台上安装了一盏吸顶灯。客厅的中间部位和餐厅位置各安装一盏吊灯，在客厅和餐厅的下沉式造型上共计安装 21 盏筒灯。次卧室、书房和客房这三个房间的棚面构造比较简单，房间内均只有一个标高符号，表明这些棚面距楼地面的高度是 2700mm，是室内的基础棚面，没有特殊的造型。厨房、卫生间根据用途将这两个房间的吊顶面层都是采用铝合金条形扣板。从棚面的标高符号上看，其数据标注为 2.400m，与这套住宅的基础棚面的标高符号 2.700m 比显然是降低了很多，这通常与厨房、卫生间的给水排水等管线的安装构造需要有一定关系。虽然棚面的造型上也没有什么变化，但房间只有一个标高符号说明厨房卫

生间的天花吊顶都是平面顶棚。在灯具的选择上，厨房安装的是吸顶灯，卫生间则安装一盏防尘防水灯。

④ 注意图中各窗口有无窗帘及窗帘盒做法，明确其尺寸。如图6-15所示，书房、卫生间有窗帘及窗帘盒。

⑤ 识读图中有无与顶棚相接的吊柜、壁柜等家具。如图6-15所示，吊柜用打叉符号表示。

⑥ 识读顶棚平面图中有无顶角线做法。顶角线是顶棚与墙面相交处的收口做法，有此做法时应在图中反映。在图6-14中，主卧、客厅、餐厅画有与墙面平行的细线即为顶角线，此顶角线做法为50mm宽石膏线，表面为白色乳胶漆饰面。

⑦ 注意室外阳台、卫生间等处的吊顶做法与标高。室内吊顶有时会随功能流线延伸至室外，如阳台等，通常还需画出它们的顶棚图。如图6-14所示，阳台为白色乳胶漆装饰面，厨房吊顶标高为2.400m，做法为轻钢龙骨纸面石膏板乳胶漆饰面，次卧室有吸顶灯，其顶棚均不做吊顶，直接批腻子刮白，罩白色乳胶漆，顶棚周边均无顶角线；卫生间吊顶与一层相同，为300mm铝扣板吊顶。

（3）天花平面图的图示内容

天花平面图采用镜像投影法绘制，其主要内容有：

① 建筑平面及门窗洞口。门画出门洞边线即可，不画门扇及开启线。

② 室内顶棚的造型、尺寸、做法和说明，有时可画出顶棚的重合断面图并标注标高。

③ 室内顶棚灯具符号及具体位置（灯具的规格、型号、安装方法由电气施工图中反映）。

④ 室内各种顶棚的完成面标高，按每一层楼地面为±0.000，标注顶棚装饰面标高。

⑤ 与顶棚相接的家具、设备的位置及尺寸。

⑥ 索引符号、说明文字、图名及比例等。

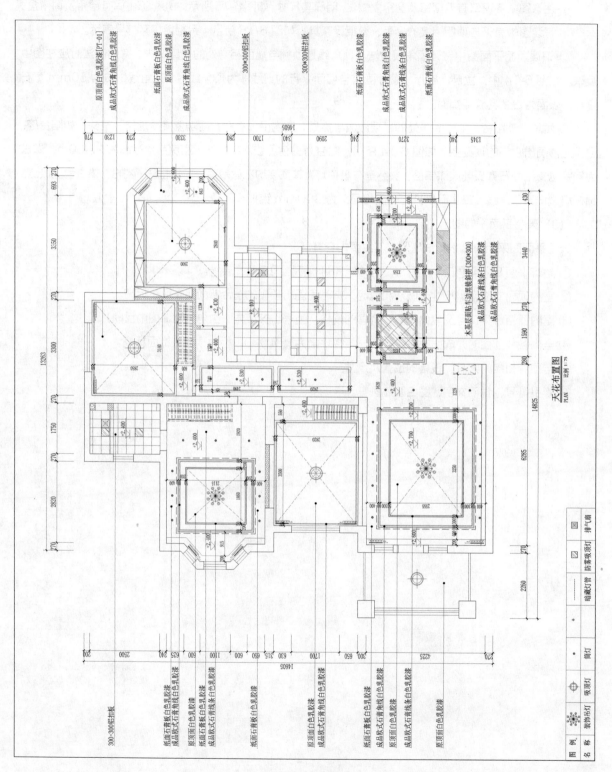

图6-14 天花布置图

6.2.3 住宅室内立面设计图的识读与画法

室内立面图是将房屋的室内墙面按立面索引符号的指向，向直立投影面所作的正投影图。它用于反映室内空间垂直方向的装饰设计形式、尺寸与做法、材料与色彩的选用等内容，是装饰工程施工图中的主要图样之一，是确定墙面做法的主要依据。房屋室内立面图的名称，应根据平面布置图中立面索引符号的编号或字母确定。

室内立面图应包括投影方向、室内轮廓线和装饰构造、门窗、构配件、墙面做法、固定家具、灯具等内容及必要的尺寸和标高，并需表达非固定家具、装饰物件等情况。室内立面图的顶棚轮廓线，可根据情况只表达吊顶或同时表达吊顶及结构顶棚。

室内立面图的外轮廓用粗实线表示，墙面上的门窗及凹凸于墙面的造型用中实线表示。其他图示内容、尺寸标注、引出线等用细实线表示。室内立面图一般不画虚线。室内立面图的常用比例为 1 ∶ 50，可用比例为 1 ∶ 30、1 ∶ 40 等。

室内墙面除相同者外一般均需画立面图，图样的命名、编号应与平面布置图上的立面索引的编号相一致，立面索引决定室内立面图的识读方向，同时也给出了图样的数量，如图 6-8 所示。

（1）住宅室内立面设计图的识读

① 首先确定室内立面图所在房间位置，按房间顺序识读室内立面图。图 6-13 中写出客厅字样并且编号为"01、02 、03、04"的立面索引即为客厅空间的墙立面编号，图中因客厅与餐厅空间相连，所以其中的字母"02"指向餐厅墙面。

② 在平面布置图中按照立面索引的指向，从中选择要读的室内立面图。如选择 01 向，即电视柜所在的墙面。

③ 在平面布置图中明确该墙面位置有哪些固定家具和室内陈设等，并注意其定形、定位尺寸，做到对所读墙面布置的家具、陈设等有一个基本了解。

④ 浏览选定的室内立面图，了解所读立面的装饰形式及其变化。如识读图 6-15 中的"01 立面图"，该立面图反映了从左到右客厅墙面及相连的走道、厨房、餐厅的 01 方向投影全貌，图中反映了客厅在中庭吊顶处有现代风格的吊灯一组以及下方电视背景墙造型、厨房门及餐厅和两旁墙壁的装饰形式及尺寸。

⑤ 详细识读室内立面图，注意墙面装饰造型及装饰面的尺寸、范围、选材、颜色及相应做法。从图 6-16 可见，沙发背景墙饰有白色硬包，其他为白色木线条和镜框线。门套、门扇均为欧式造型门。餐厅酒柜隔层采用黑镜钢，周围采用镜框线做装饰。酒柜长为 960mm，高为 2400mm。两个酒柜之间有一块 1520mm×2400mm 的装饰墙面，贴墙纸并挂装饰画一幅。

⑥ 查看立面标高、其他细部尺寸、索引符号等。客厅顶棚最高标高为 2.700m。

（2）住宅室内立面设计图的画法规定

① 室内立面轮廓线，顶棚有吊顶时可画出吊顶、叠级、灯槽等剖切轮廓线（粗实线表示），墙面与吊顶的收口形式，可见的灯具图形等。

② 墙面装饰造型及陈设（如壁挂、工艺品等），门窗造型及分格，墙面灯具、暖气罩等装饰内容。

③ 装饰选材、立面的尺寸标高及做法说明。图外一般标注 1 ～ 2 道竖向及水平向尺寸，楼地面、天花等装饰标高；图内一般应标注主要装饰造型的定形、定位尺寸。做法标注采用细实线引出。

④ 附墙的固定家具及造型，如电视背景墙、酒柜等。

⑤ 索引符号、说明文字、图名及比例等。

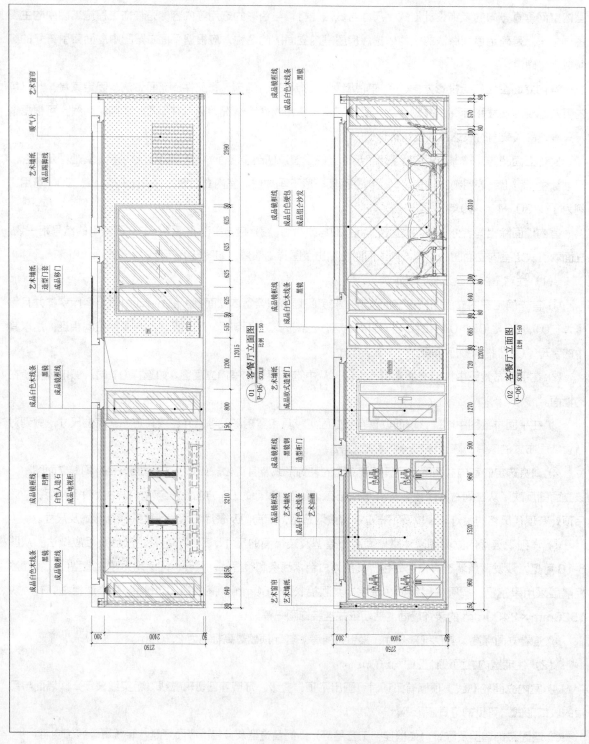

图 6-15、图 6-16　客餐厅立面图

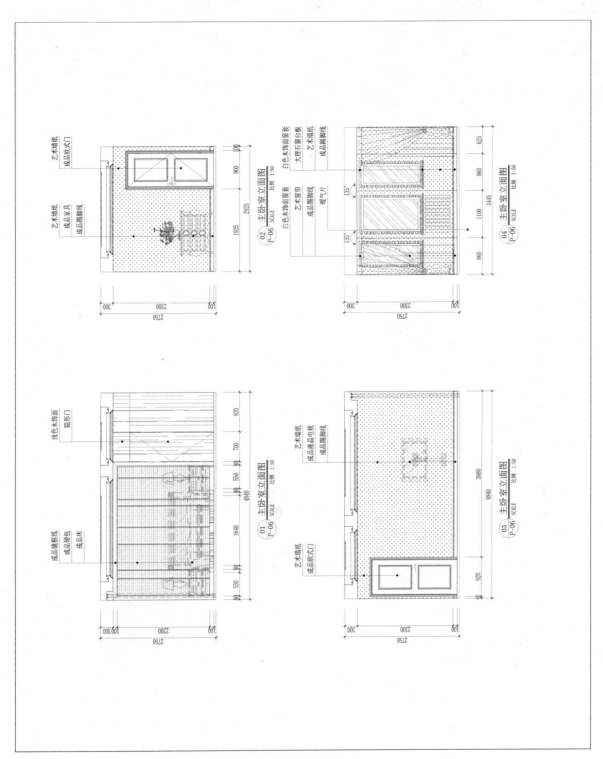

图6-17　主卧室立面图

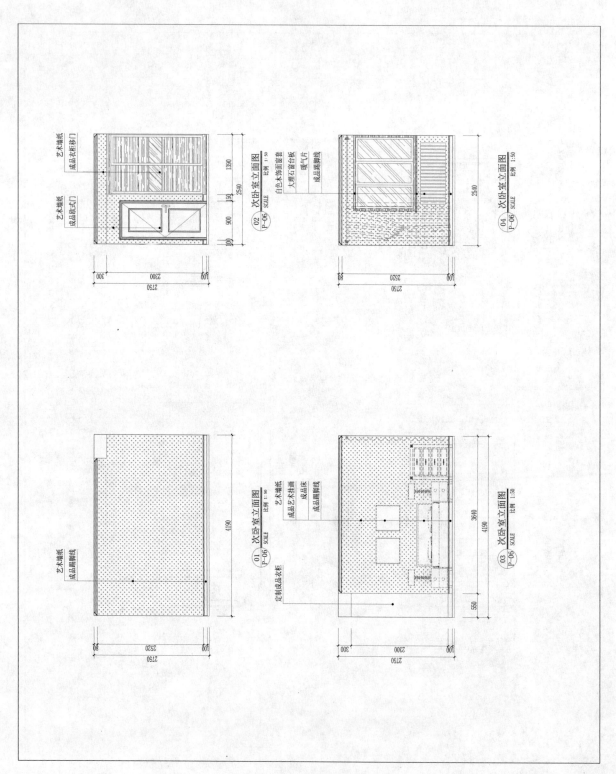

图 6-18 次卧室立面图

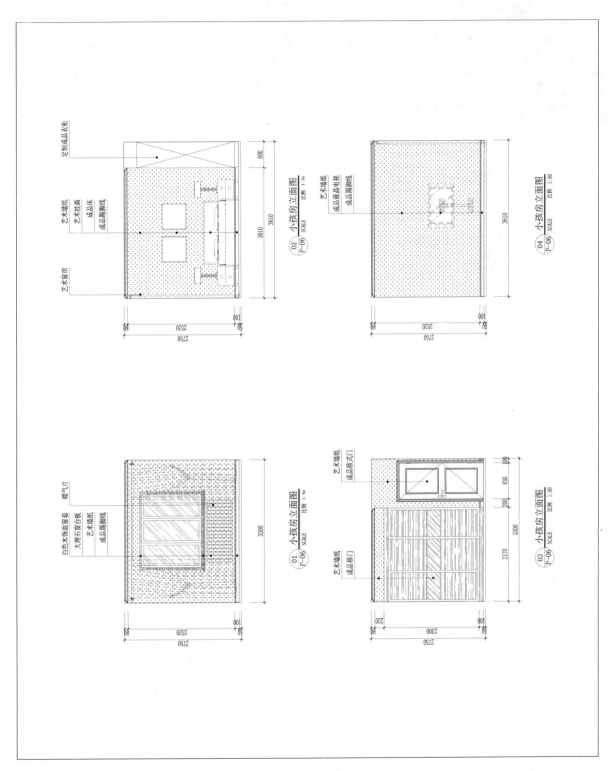

图 6-19　小孩房立面图

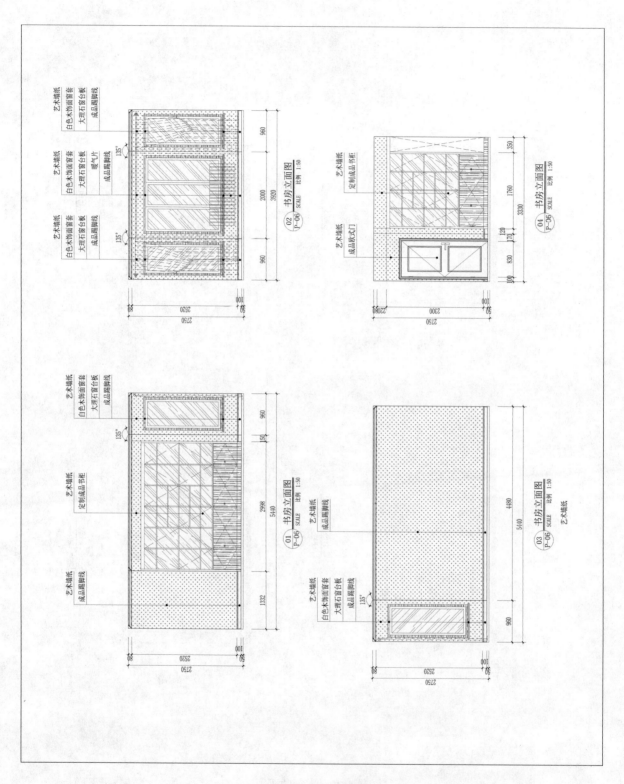

图 6-20　书房立面图

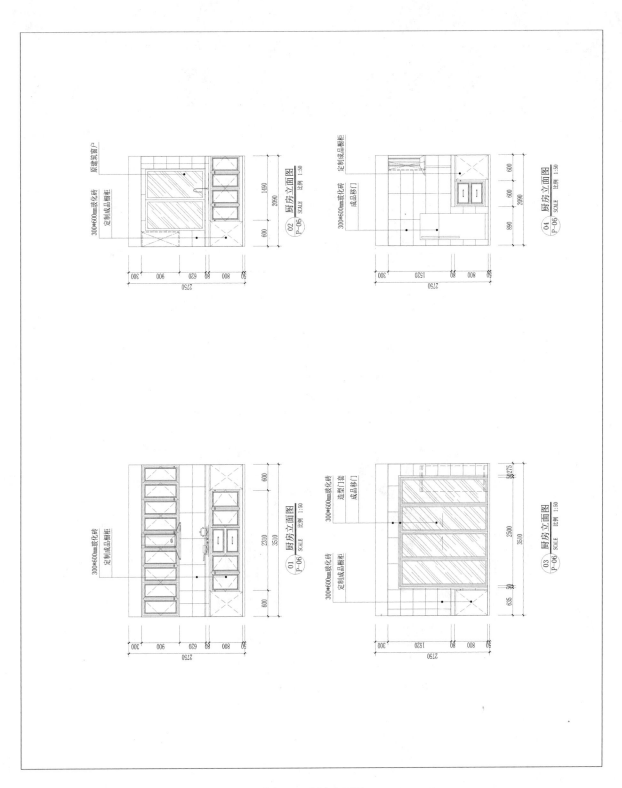

图 6-21　厨房立面图

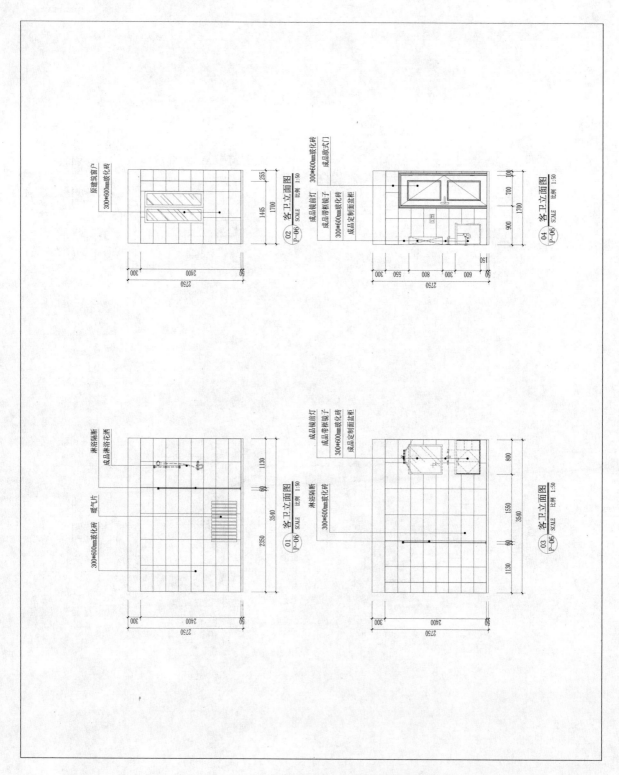

图 6-22　客卫立面图

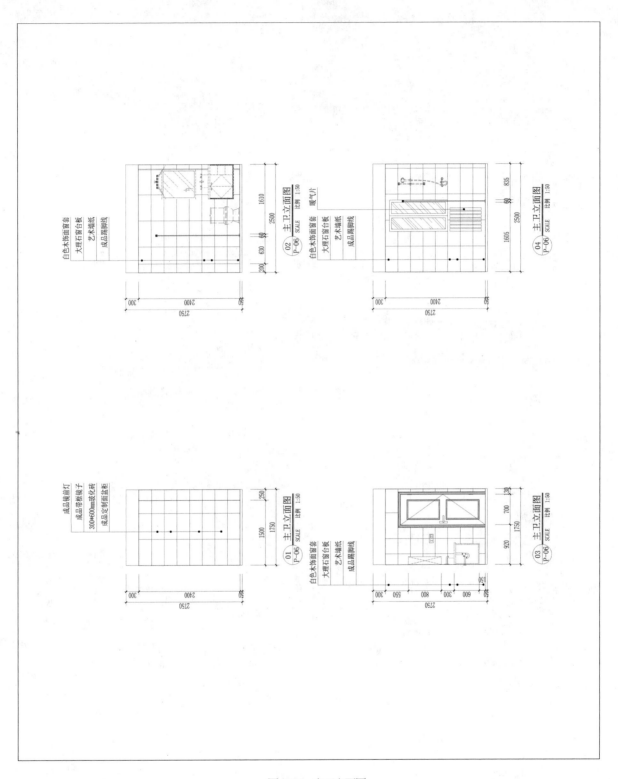

图6-23 主卫立面图

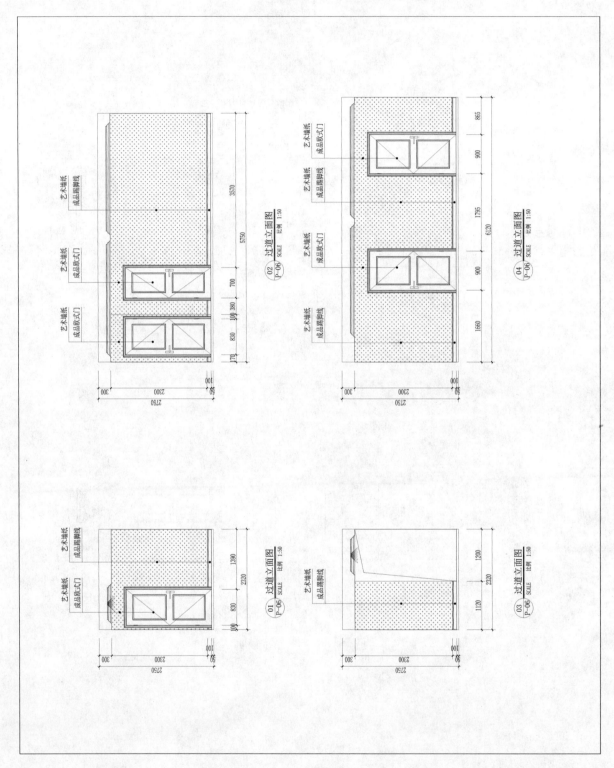

图 6-24　过道立面图

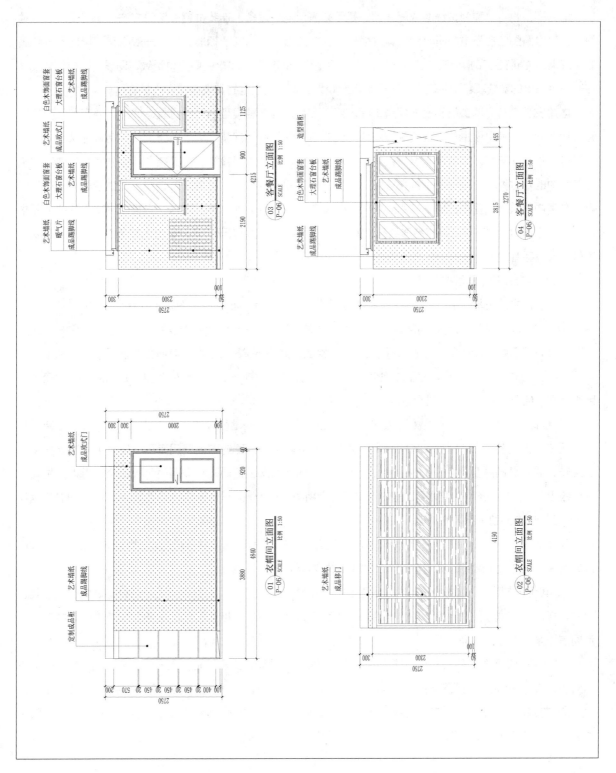

图 6-25　衣帽间立面图

6.2.4 住宅室内电路设计图的识读与画法

电路图，也可以称为接线图或配线图，是用来表示电气设备、连装位置、接线方法、配线场所的一种图。一般电路图包括强电和弱电两大类，强电和弱电没有严格的区别标准。强电一般指交流电或电压较高的直流电，主要表达和指导安装各种照明灯具、用电设施的线路；弱电主要是电话线、网线、电视信号线。在家居中弱电的安装项目相对较少，工程量相对较大的是强电设施的安装。

电路安装包括照明工程和室内配线工程。照明工程是指各种类型的照明灯具、开关、插座和照明配电箱等设备安装，其中最主要的是照明线路的铺设与电气零配件的安装；电子电器安装包括各种家用电器和家用电子设备的安装，如电热水器、空调器、煤气警报器、电子门铃等。在安装之前应先了解室内装饰装修工程中的灯位图，它是一种设备布置图。为了不使工程的结构施工与电气安装施工产生矛盾，装饰装修行业在室内的装修工程中广泛地应用灯位图。灯位图在表明灯具的种类、规格、安装位置和安装技术要求的同时，还详细地画出部分建筑装修结构，如图 6-26 所示。这种图无论是对于电气安装工，还是结构制作的施工人员都有很大的作用。

（1）强电系统平面图的识读

住宅室内中最简单的用电设备就是照明灯具及其控制系统等，识读时注意以下几点：

① 一个开关控制一盏灯。通常最简单的住宅照明布置，是在一个房间内设置一盏照明灯，由一只开关控制即可满足需要。如图 6-27 所示为照明开关布置图，如图 6-28 所示为强电插座布置图。

② 两个开关控制一盏灯。为了方便使用，两只双控开关控制一盏灯也比较常见，通常用于面积较大的卧室空间，便于从两处的位置进行控制，如图 6-27 所示。

③ 根据相关图例和数据，我们看出餐厅安装的是悬挂高度距地面 2.4m 的普通灯，室内安装暗装插座和密闭专用插座各一个。厨房安装的是高度为 2.4m 的吸顶灯，室内安装密闭专用插座一个。次卧室和主卧室安装的是悬挂高度为 2.2m 的链吊式荧光灯，室内分别安装普通暗装插座两个和三个。引入卫生间的是一盏吸顶高度为 2.4m 的防水灯，室内安装密封专用插座一个。而阳台安装的则是高度为 2.7m 的吸顶灯。

（2）弱电系统平面图的识读

如图 6-29 所示，是住宅室内的弱电插座布置图，它表达了室内弱电各系统的装置和传输线路平面位置，是这套住宅室内装饰装修的弱电安装施工中重要的技术依据。

① 电话通信系统。室内的电话通信线路是由户外的电话通信接线箱通过信号主干线引入楼层的过路盒，再由楼层的过路盒接入住宅室内的，电话通信线路进入室内后依次接入客厅、主卧室和卫生间等共三个电话通信插座。

② 可视对讲系统。可视对讲系统室内部分比较简单，从图样上看只是在入户门左侧部位安装了一个户内对讲话机，将话机与可视对讲系统的室内过路盒相连，最后通过信号主干线垂直向下接入对讲主机。

③ 有线电视系统。室内有线电视线路是电视分支器盒通过信号主干线垂直向上引入室内过路盒，再由过路盒依次卧客厅、主卧室、次卧室和客房的每一个有线电视插座。

（3）电路图的画法规定

① 多线表示法。照明开关之间的连线是按照导线可用的实际走向一根一根地分别画出，如图 6-27 所示。

② 安装标高。在电气施工图中，线路和电气设备的安装高度需要标注标高，通常采用与建筑施工图相

统一的相对标高，或者相对本楼层地面的相对标高。如某住宅电气施工图中标注的总电源进线安装高度为5.0m，是指向相对建筑基准标高±0.000的高度；某插座安装高度0.4m，则是指相对于本楼层地面的高度，一般表示为0.4m。

　③ 标明插座的规格和数量，必要时可另附电路设计施工说明；在墙面铺砖图上，将开关插座与瓷砖的结合方式表明清晰，避免开关插座位于单块瓷砖的中间。

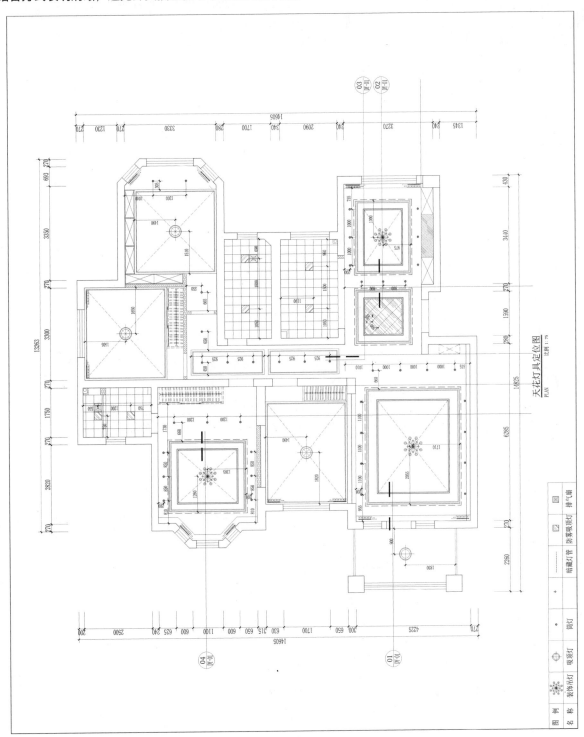

图6-26　天花灯具定位图

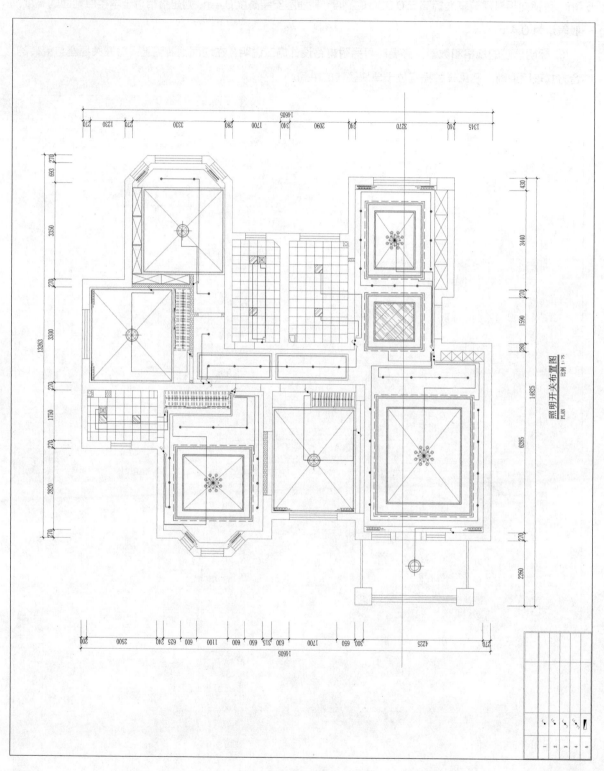

图 6-27　照明开关布置图

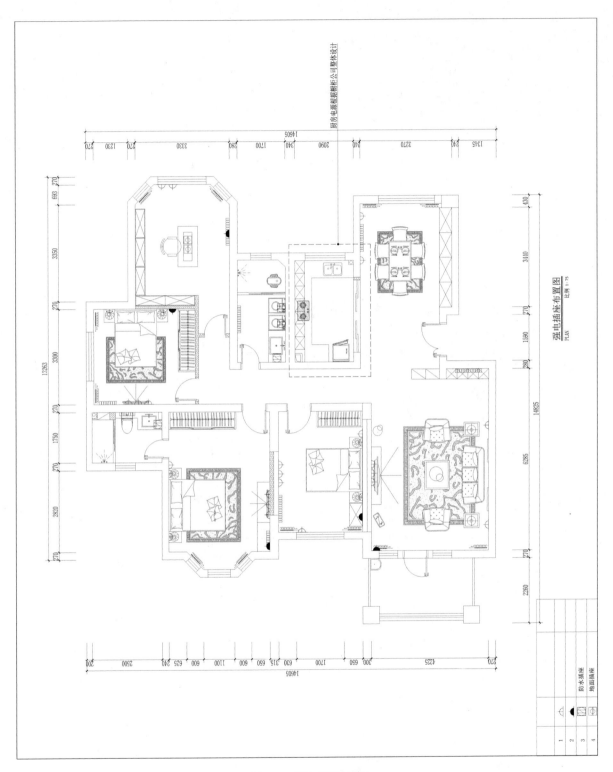

图 6-28　强电插座布置图

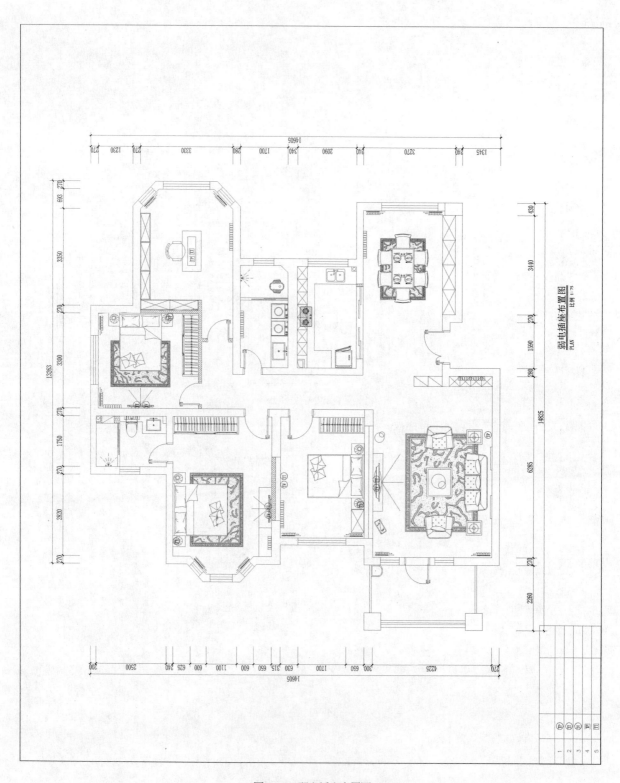

图 6-29　弱电插座布置图

6.2.5 住宅室内装修详图图例

由于平面布置图、地面平面图、室内立面图、顶棚平面图等的比例一般较小，很多装饰造型、构造做法、材料、细部尺寸等无法反映或反映不清晰，满足不了装饰施工、制作的需要，故需放大比例画出详细图样，形成装饰详图。装饰详图一般采用1：1～1：20的比例绘制。

在装饰装修详图中剖切到的装饰体轮廓用粗实线表示，未剖到但能看到的投影内容用细实线表示。

装饰装修详图按其部位分为：

① 墙（柱）面装饰装修剖面图 主要用于表达室内立面墙（或柱）的构造，着重反映墙（柱）面在分层做法、选材、色彩上的要求。

② 顶棚详图 主要是用于反映吊顶构造、做法的剖面图或断面图。

③ 装饰造型详图 独立的或依附于墙柱的装饰造型，表现装饰的艺术氛围和情趣的构造体，如影视墙，花台，屏风，壁龛，栏杆造型等的平、立、剖面图及线角详图。

④ 家具详图 主要指需要现场制作、加工、油漆的固定式家具如衣柜、书柜、储藏柜等，有时也包括可移动家具如床、书桌、展示台等。

⑤ 装饰门窗及门窗套详图 门窗是装饰工程中的主要施工内容之一，其形式多种多样，在室内起着分割空间、烘托装饰效果的作用，它的样式、选材和工艺做法在装饰图中有特殊的地位。其图样有门窗及门窗套立面图、剖面图和节点详图。

⑥ 楼地面详图 反映地面的艺术造型及细部做法等内容。

⑦ 小品及饰物（部件、部品）详图 小品、饰物详图包括雕塑、水景、指示牌、织物等的制作图。

室内装饰空间通常由顶棚、墙面、地面三个基面构成。这三个基面经过装饰设计师的精心设计，再配置风格协调的家具、绿化与陈设等，营造出特定的气氛和效果，这些气氛和效果的营造必须通过细部做法及相应的施工工艺才能实现，实现这些内容的重要技术文件就是装饰详图。装饰装修详图种类较多且与装饰构造、施工工艺有着紧密联系，在识读装饰装修详图时应注意与实际相结合，做到举一反三，融会贯通，所以装饰装修详图是识图中的重点、难点，必须予以足够的重视。以下图纸为住宅室内装饰装修详图，如图6-30至图6-34所示。

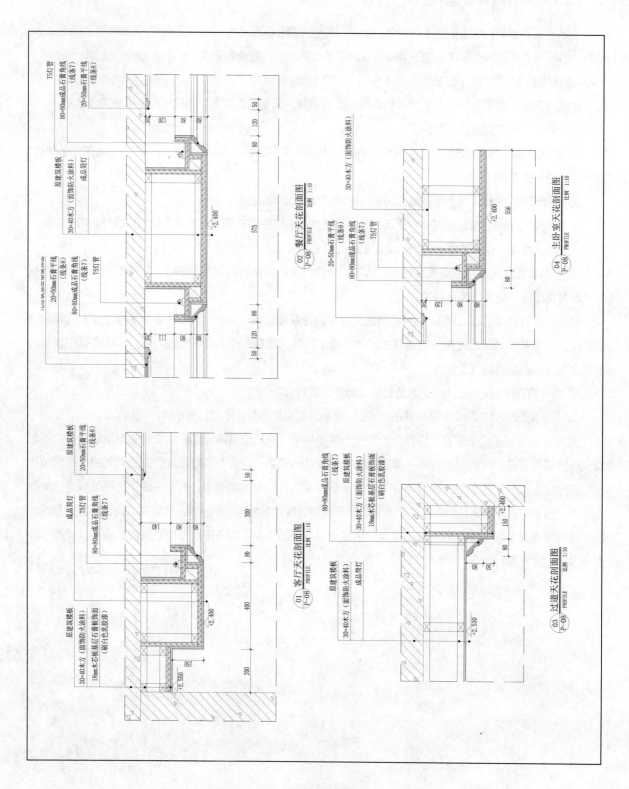

图 6-30　天花剖面详图

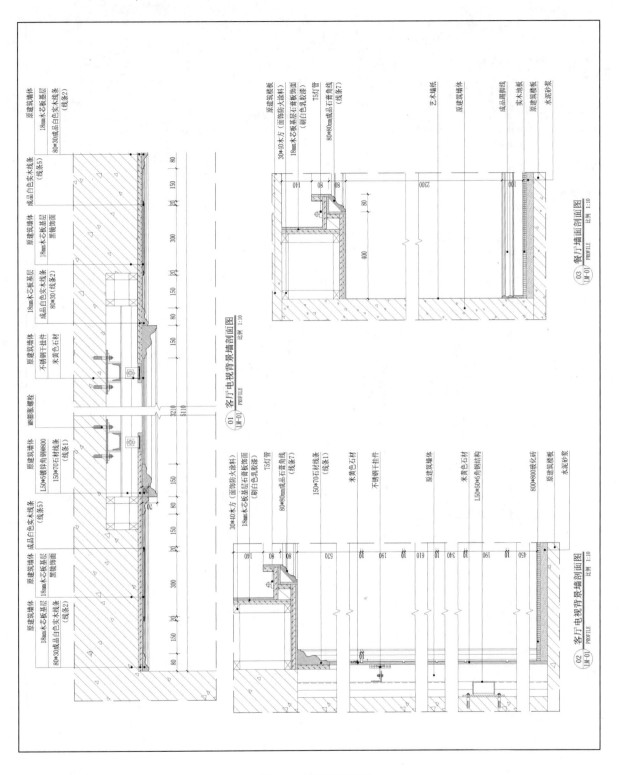

图 6-31　墙面剖面详图

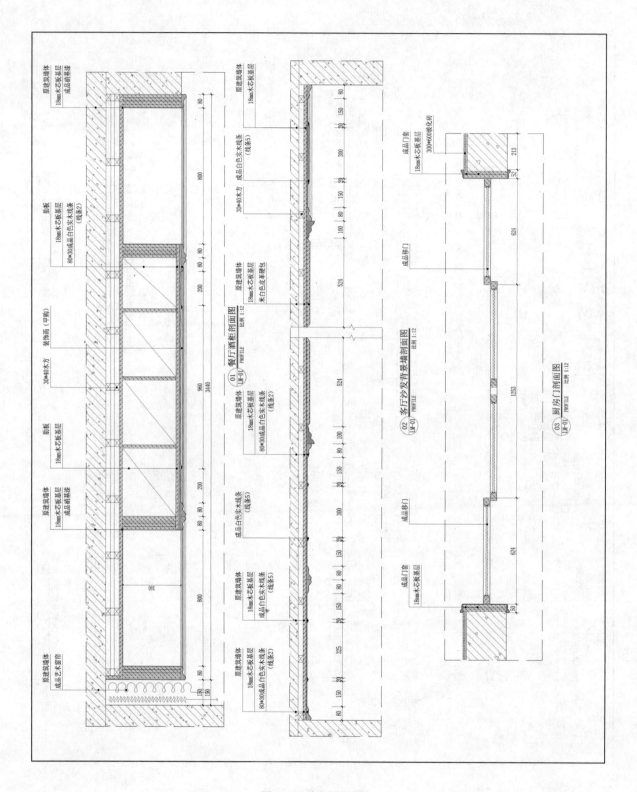

图 6-32 墙面剖面详图

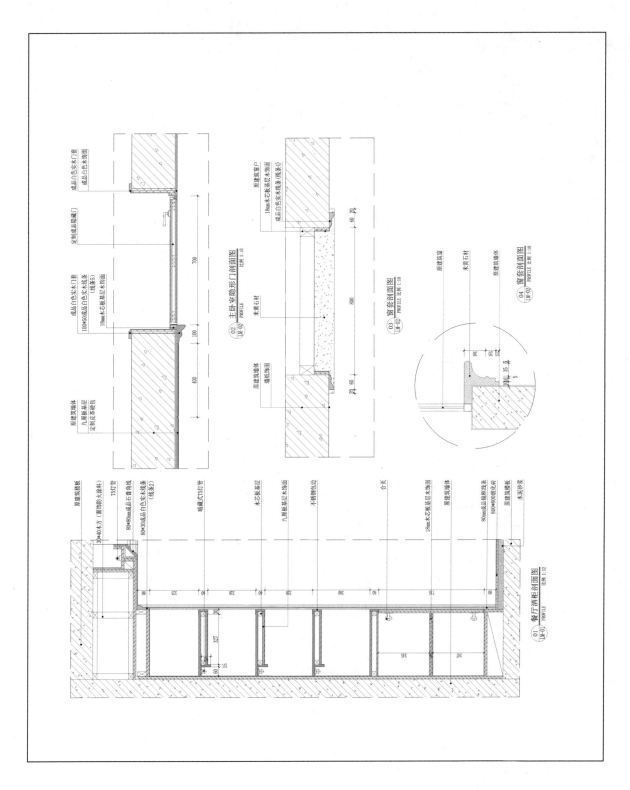

图 6-33　酒柜门窗套详图

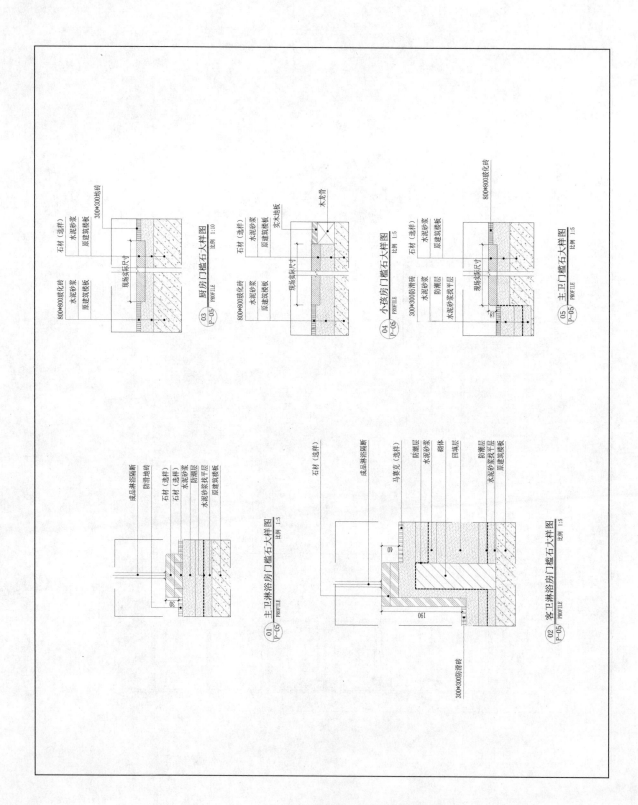

图6-34　门槛石详图

第 7 章　办公室内装饰装修工程图

办公装饰装修施工图是在建筑工程施工图完成后的造型做法及构造结构细节在表达上的细化以及做法的表达。如酒店装饰装修平面布置图是在建筑平面图的基础上进行墙面造型的位置设计、家居布置、陈设布置、地面分格及拼花布置的图样，它必须以建筑平面图为条件进行、制图。在平面布置图上家具、陈设、绿化等要以设计尺寸按比例绘制，并要考虑它们所营造的空间效果及使用功能，而这些内容在建筑平面图上一般不需要表示。本章将主要以黄石科技城售楼部装饰装修施工图为主要内容。

7.1 办公室内装饰施工图中的图样目录及设计说明

如图 7-1 所示。

图 纸 目 录

序号	图号	图纸内容	图幅	序号	图号	图纸内容	图幅
01	SJ-01	设计说明	A3	21	LM-1-01	一层大堂立面图1	A3
02	SJ-02	通用做法说明	A3	22	LM-1-02	一层大堂立面图2	A3
03	CL-01	材料表一	A3	23	LM-1-03	一层大堂立面图3	A3
04	CL-02	材料表二	A3	24	LM-1-04	一层大堂立面图4	A3
05	CL-03	材料表三	A3	25	LM-1-05	一层大堂立面图5	A3
06	YP-01	一层原始平面图	A2	26	LM-1-06	一层大堂立面图6	A3
07	Q-01	一层墙体定位图	A2	46	LM-1-07	一层大堂/走道立面图1	**A3**
08	P-01	一层平面布置图	A2	47	LM-1-08	一层大堂/走道立面图2	A3
09	T-01	一层天花布置图	A2	29	LM-1-09	一层影音播放室立面图	A3
10	L-01	一层灯具定位图	A2	30	LM-1-09-1	一层大堂立面图7	A3
11	D-01	一层地面材料图	A2	31	LM-1-09-1	一层大堂立面图7	A3
12	S-01	一层平面索引图	A2	32	LM-1-10	一层会议室立面图	A3
13	YP-02	二层原始平面图	A2	33	LM-1-11	一层VIP客户接待室立面图	A3
14	Q-02	二层墙体定位图	A2	34	LM-1-12	一层办公室6立面图	A3
15	P-02	二层平面布置图	A2	35	LM-1-13	一层销售与策划办公室立面图	A3
16	T-02	二层天花布置图	A2	35-A	LM-1-14	一层过厅立面图	A3
17	L-02	二层灯具定位图	A2	35-B	LM-1-15	一层销售与策划办公室立面图	A3
18	D-02	二层地面材料图	A2	36	LM-1-18	一层清洁间/控制室立面图	A3
19	S-02	二层平面索引图	A2	37	LM-1-21	一层残卫/大堂立面图	A3
20	YP-03	三层原始平面图	A2	38	Z-01	一层综合天花图	A2

图 7-1

7.2 办公室内装饰装修平面图

7.2.1 办公室内装饰装修平面图的图示实例

设计说明

一、工程概况：
1.1 本工程为黄石科技城营销中心室内装饰装修工程，本次工程装修面积约2175m²。
1.2 项目地点：黄石
1.3 设计耐火等级：一级
1.4 建筑类型：三类建筑
1.5 建筑结构：框架结构

二、设计依据：
1. 国家规范、行业协会标准：
1.1 《建筑内部装修设计防火规范》（GB 50222—95 ［2001年修订版］）
1.2 《建筑设计防火规范》（GB50016—2006版）
1.3 《高层民用建筑设计防火规范》（GB 50045—95 2005年版）
1.4 《中华人民共和国工程建设标准强制性条款》（房屋建筑部分2009年版）
1.5 《民用建筑设计通则》（GB/T 50352—2005）
1.6 《2005年最新建筑设计通则》
1.7 《建筑结构荷载规范》（GB50009—2001，2006年版）
1.8 《住宅装饰装修工程施工规范》（GB50327—2001）
1.9 《民用建筑工程室内环境污染控制规范》（GB 50210—2001版）
1.10 《绿色建筑标准评价》（GB/T 50378—2006）
1.11 《建筑幕墙规范》（GBT21086—2007）
1.12 《城市道路和建筑物无障碍设计规范》（JGJ50—2001）
1.13 《公共建筑节能设计标准》（GB50189—2005）
1.14 《建筑采光设计标准》（GB/TS0033—2001）
1.15 《民用建筑隔声规范》（GB/T 118—88）
1.16 《建筑地面工程施工质量验收规范》（GB 50209—2002）
1.17 《砌体工程施工质量验收规范》（GB 50203—2002）
1.18 《蒸压加气混凝土砌块墙体构造》（05ZJ 103）
1.19 《金属与石材幕墙工程技术规程》（JGJ133—2003）
1.20 《建筑玻璃应用技术规程》（JGJ134—2001）
1.21 《室内空气质量标准》（GB/T18883—2002）
1.22 《房屋渗漏修缮技术规程》（CJJ62—95）
1.23 《建筑施工工序界限规则》（GB12523—90）
1.24 《建筑地面工程施工质量验收规范》
1.25 《室内装饰装修材料人造板及其制品中甲醛释放限量》（GB18580—2001）
1.26 《室内装饰装修材料内墙涂料中有害物质限量》（GB18582—2008）
1.46 《室内装饰装修材料溶剂型木器涂料中有害物质限量》（GB18581—2009）
1.47 《室内装饰装修材料胶粘剂中有害物质限量》（GB18583—2008）
1.29 《室内装饰装修材料木家具中有害物质限量》（GB18584—2001）
1.30 《室内装饰装修材料壁纸中有害物质限量》（GB18585—2001）
1.31 《室内装饰装修材料聚氯乙烯卷材地板中有害物质限量》（GB18586—2001）
1.32 《室内装饰装修材料地毯、地毯衬垫及地毯用胶粘剂中有害物质释放限量》（GB18587—2001）
1.33 《混凝土外加剂中释放氨的限量》（GB18588—2001）
1.34 《建筑材料放射性核素限量》（GB6566—2001）
1.35

1.36 《天然花岗石建筑板材》（JD205—92）
1.37 《关于印发〈2009工程建设标准规范制定、修订计划〉的通知》（建标〔2009〕88号）
1.38 《2010年最新建筑工程施工质量检查、评定标准与工程质量编审评定标准》
1.39 《建筑电气安装工程质量验收规范》（GB50303-2002）

注：1. 若国家颁布最新相关技术规范须以最新规范为准。
       若图纸中出现与上述技术规范相违背的地方，须以上述国家规范为准。
    2. 甲乙双方合同文件、文字函件及信息文字资料等。
    3. 甲方提供的建筑施工图纸及相关资料，经甲方确认的平面布置图、效果图及相关方案。

三、设计标高和定位其它：
1. 本装饰工程设计相对标高±0.000当本层建筑装饰完成后标高，相对于原建筑标高，根据不同地面装饰材料相地提高，定位详见各部分施工图。
2. 图中标高以"米"计，标注尺寸以"毫米"计。
3. 本设计尺寸均为完成面尺寸，现场如有较小出入，可适当调整。
4. 本图所选用的各种成品装修配件，均为国内市场已有供应的产品。成品的详细构造不再绘制，图中仅表示成品外形尺寸及安装构造尺寸、索引方法。

四、装修范围：黄石科技城营销中心室内装饰装修
1. 主要楼层及功能空间：
  1.1 展厅区：
    a. 天花为石膏板造型，局部软膜灰色乳胶漆，深灰色胶漆；
    b. 墙面部分块状板刷深灰色乳胶漆，局部灰色石材、墙纸；
       地面为800-800坡化砖，中国黑石材门槛石。
  1.2 会议、接待区：
    a. 天花为石膏板造型，局部软膜天花；
    b. 墙面部分墙纸；
       地面地毯饰面。
  1.3 办公区：
    a. 天花为600×600矿棉钙板；
    b. 墙面部分白色乳胶漆，砂钢踢脚；
       地面地毯饰面。
  1.4 卫生间、清洁间：
    a. 吊顶为防滑铝扣板防水乳胶漆；
    b. 墙面300×600坡化砖；
    c. 地面300×300坡化砖饰面。
  1.5 消防楼梯间：
    a. 吊顶原有顶面刷白色乳胶漆饰面；
    b. 墙面白色乳胶漆饰面，80mm高砂钢踢脚；栏杆为原有栏杆不变；
    c. 地面600×600坡化砖，踏步需磨三道5-5防滑槽。
  1.6 一层、二层电井：
    a. 吊顶原有顶面刷白色乳胶漆饰面；墙面白色乳胶漆饰面，80mm高砂钢踢脚；栏杆为原有栏杆不变；
  1.7 所有原建筑防火门：
    a. 原有防火门上刷灰色调和漆，加门色门套。

图 7-2

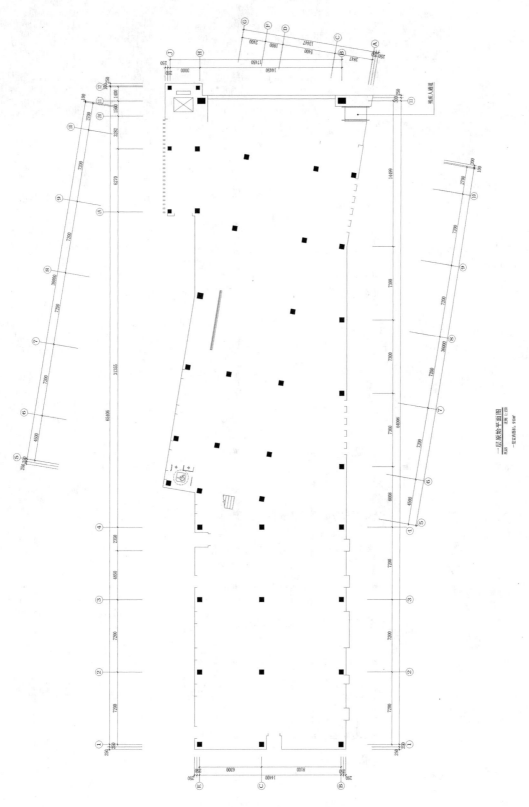

图 7-3　一层原始平面图

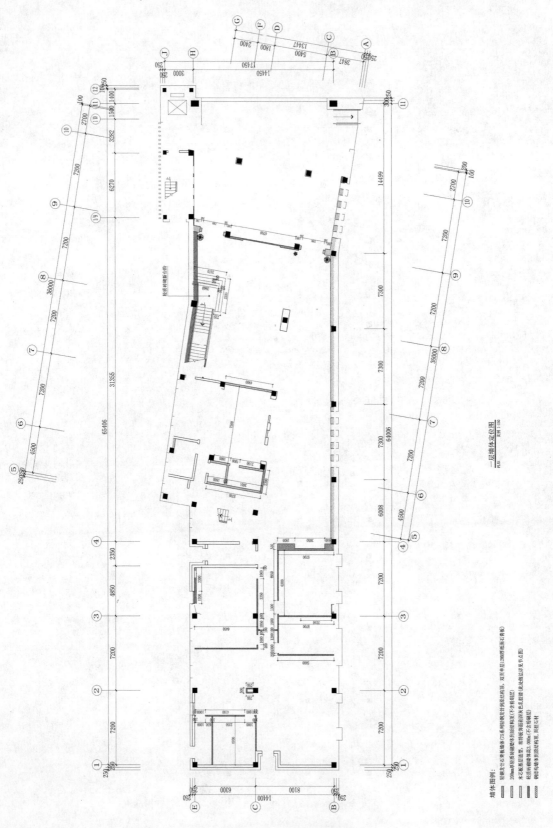

图 7-4　一层墙体定位图

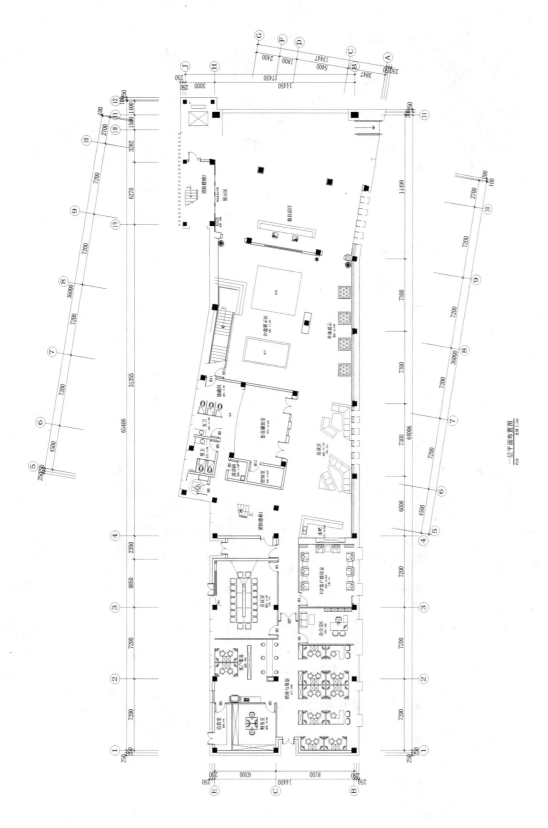

图 7-5　一层平面布置图

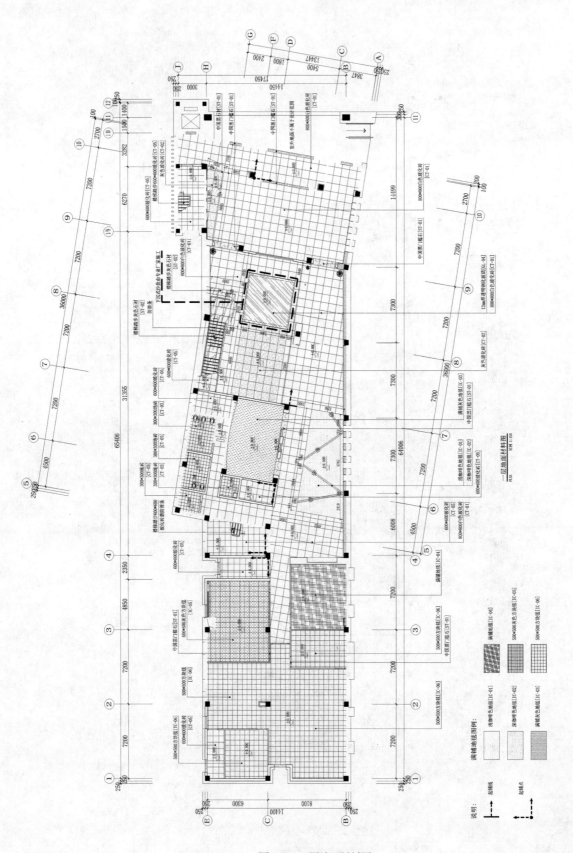

图 7-6　一层地面材料图

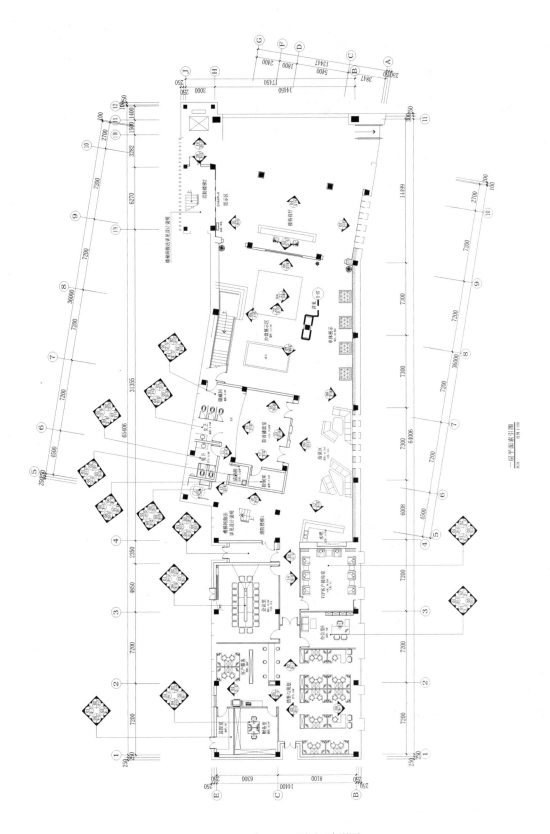

图 7-7　一层平面索引图

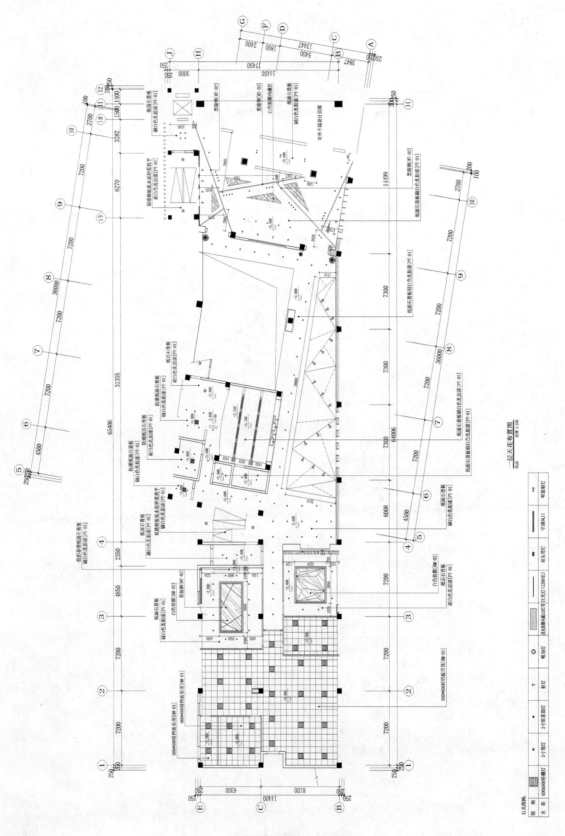

图7-8　一层天花板布置图

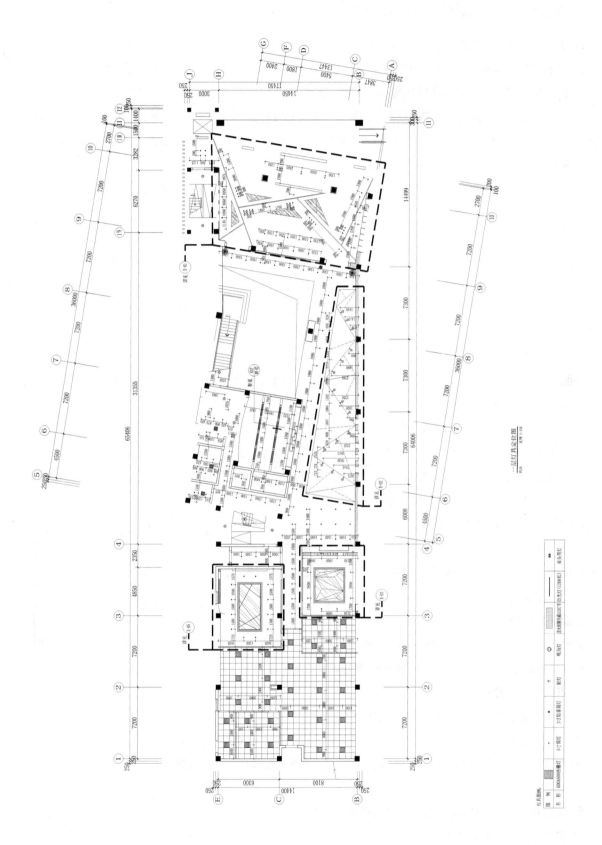

图 7-9 一层灯具定位图

7.2.2 办公室内装饰装修平面图的绘制

（1）绘图前的准备工作

① 明确装饰装修施工图的设计与绘图顺序。装饰装修施工图的设计工作一般先从平面布置图开始，然后着手进行顶棚平面图、室内平面图、墙（柱）面装饰装修剖面图、装饰装修详图等绘制。

② 明确工程对象的空间尺度的体量大小，确定比例，选择图纸的幅面大小。当确定了绘图顺序后，接下来就是了解对象的体量大小，如房间大小、高度等，根据所绘图样的要求确定绘图比例，如绘制平面布置图常用 1：100 的比例，由此确定图纸的幅面大小。

③ 明确所绘图样的内容和任，在作绘图练习前，首先应将示范图样看懂，明确作图的目的和要求，做到心中有数。

④ 注意布图的均衡、匀称以及图样之间的对应关系。在通常情况下，装饰装修施工图应按基本投影图的布局来布置图画，应尽量将 H、V、W 等视图多向投影绘制在一场图纸上。但在实际工程中由于工程体积大，图样布局往往达不到上述要求。倘若某图幅能布置两个图样时，如平面布置图和室内立面图，则应将室内立面图布置在平面图的上方，以利于对应绘制，同时也便于识读。当一张图纸只能布置一个图样时，则将此图样居中布置。

（2）平面布置图的画法

平面布置图的画法与建筑平面图基本一致。这里将绘图步骤结合装饰装修施工图的特点简述如下：

① 选比例、定图幅。

② 画出建筑主体结构，标注其开间、进深、门窗洞口尺寸，标注楼地面标高，如图 7-3 所示。

③ 画出酒店各功能空间的家具、陈设、隔断、绿化等的形状、位置。

④ 标注装饰尺寸，去隔断、固定家具、装饰造型等的定形、定位尺寸。

⑤ 绘制内视投影符号、详细索引符号等。

⑥ 注写文字说明、图名比例等。

⑦ 检查并加深、加粗图线。剖切到的墙柱轮廓、剖切符号用粗实线，未剖切到但能看到的图线，如门扇开启符号、窗户图例、楼梯踏步。室内家具及绿化等实用细实线表示。

⑧ 完成作图。

地面铺装图的画法

画地面铺装图时，面层分格线用细实线画出，它用于表示地面施工时的铺装方向。对于台阶和其他凹凸变化等特殊部位，还需画出剖面（或断面）符号。其绘图步骤如下：

① 选比例、定图幅。

② 画出建筑主体结构，标注其开间、进深、门洞尺寸等尺寸。

③ 画出楼地面面层分格线和拼花造型等（家具、内视投影符号省略不画）。

④ 标注分格和造型尺寸。材料不同时用图例区分，并加引出说明，明确做法。

⑤ 细部做法的索引符号、图名比例。

⑥ 检查并加深、加粗图线，楼地面分格用细实线表示。

⑦ 完成作图，如图 7-8 所示。

7.3 办公室内装饰装修顶棚图

7.3.1 顶棚图的图示实例

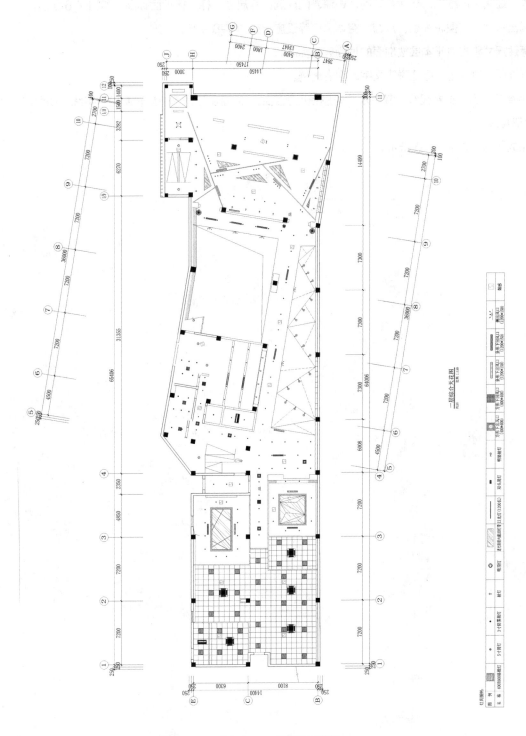

图 7-10　一层综合天花板

7.3.2 绘图步骤

顶棚平面图的画法

① 选比例、定图幅。

② 画出建筑主体结构，标注其开间、进深、门窗洞口等尺寸，标注楼地面标高，如图 7-6 所示。

③ 画出顶棚的造型轮廓线、灯饰、空调风口等设施，如图 7-8 所示。

④ 标注尺寸和相对于本层楼地面的顶棚底面标高。

⑤ 画详图索引符号，标注说明文字、图名比例。

⑥ 检查并加深、加粗图线。其中墙柱轮廓线用粗实线，顶棚及灯饰等造型轮廓用中实线，顶棚装饰及分格线用细实线。

⑦ 完成作图，如图 7-10 所示。

7.4 办公室内装饰装修立面图

7.4.1 办公室内装饰装修立面图的图示实例

如图 7-11 至图 7-23 所示。

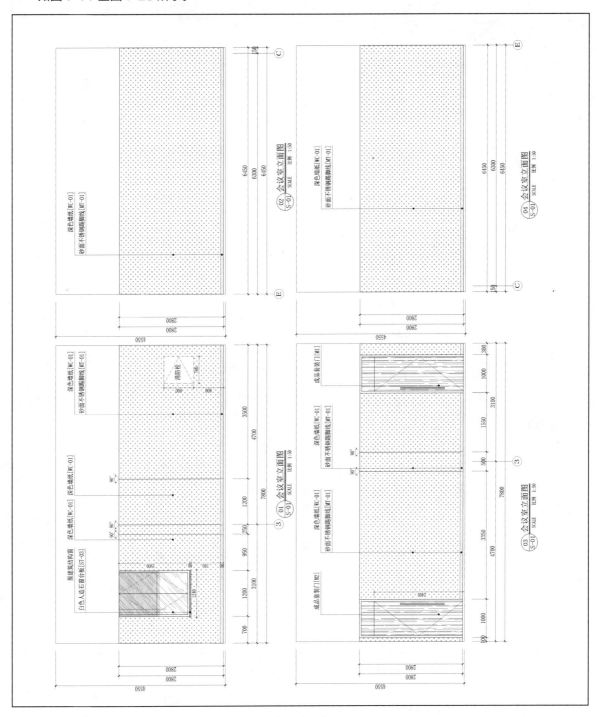

图 7-11 会议室立面图

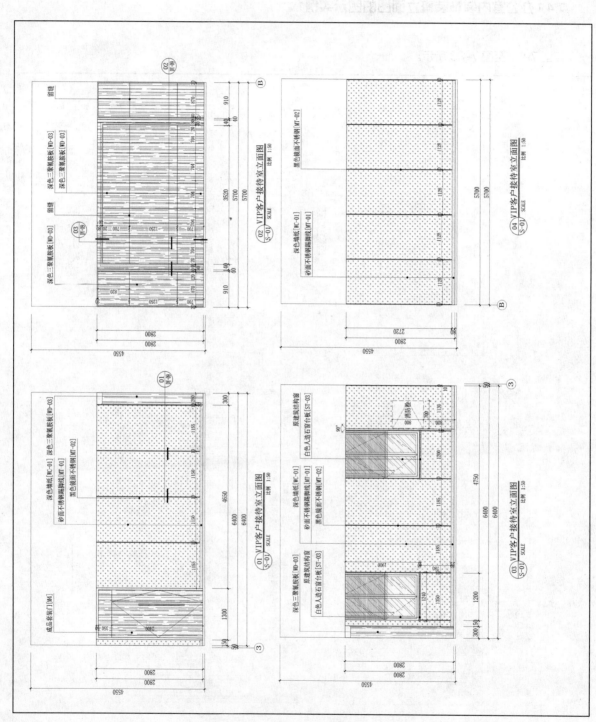

图 7-12　VIP 客户接待室立面图

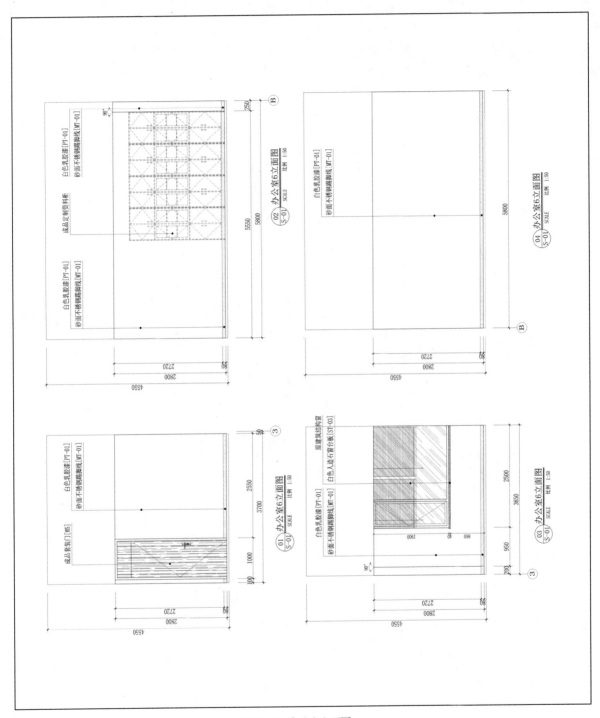

图 7-13　办公室立面图

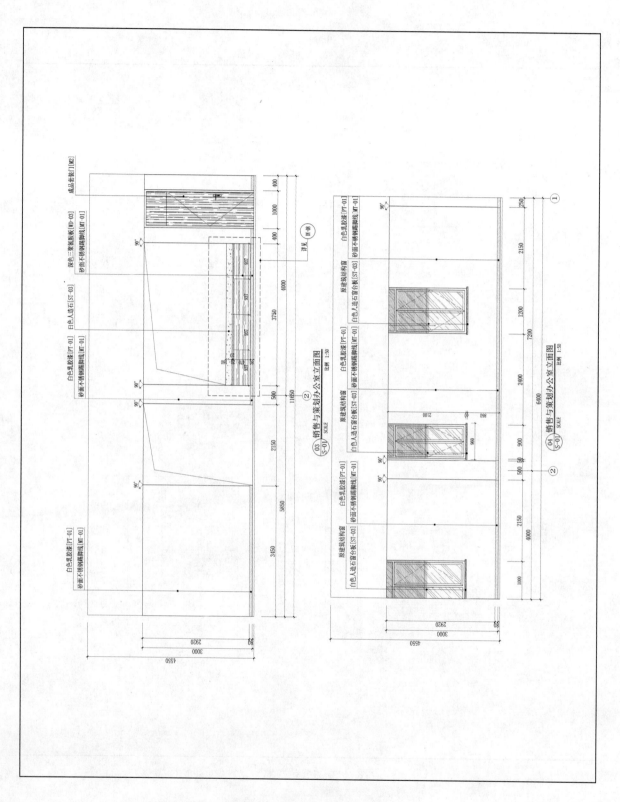

图 7-14　销售与策划办公室立面图

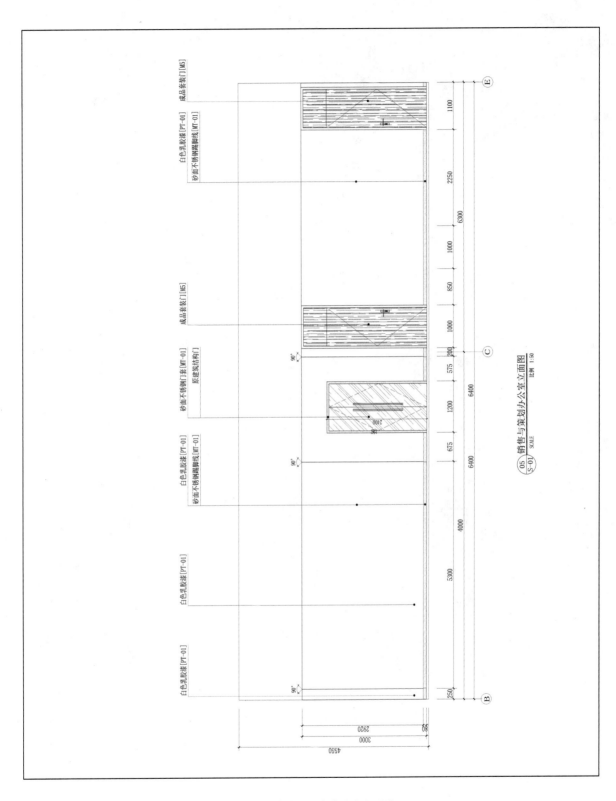

图 7-15　销售与策划办公室立面图

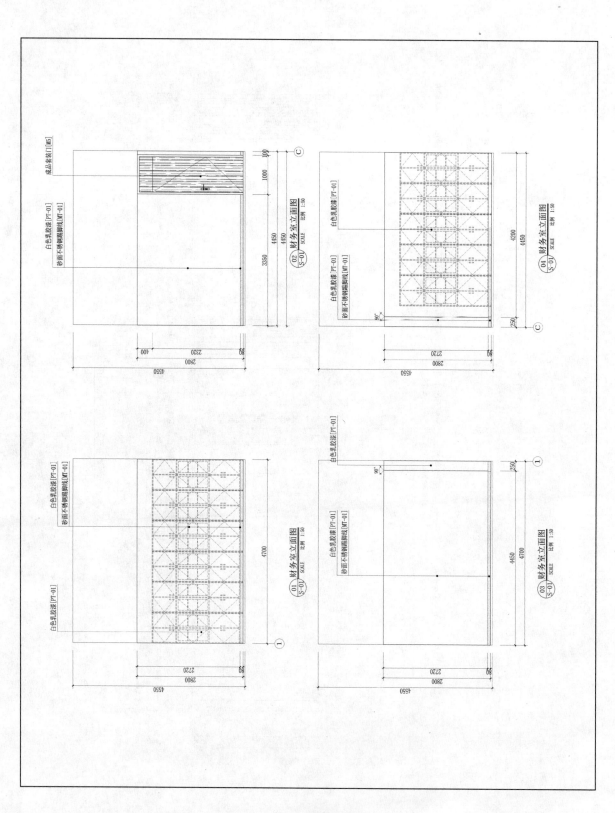

图 7-16　财务室立面图

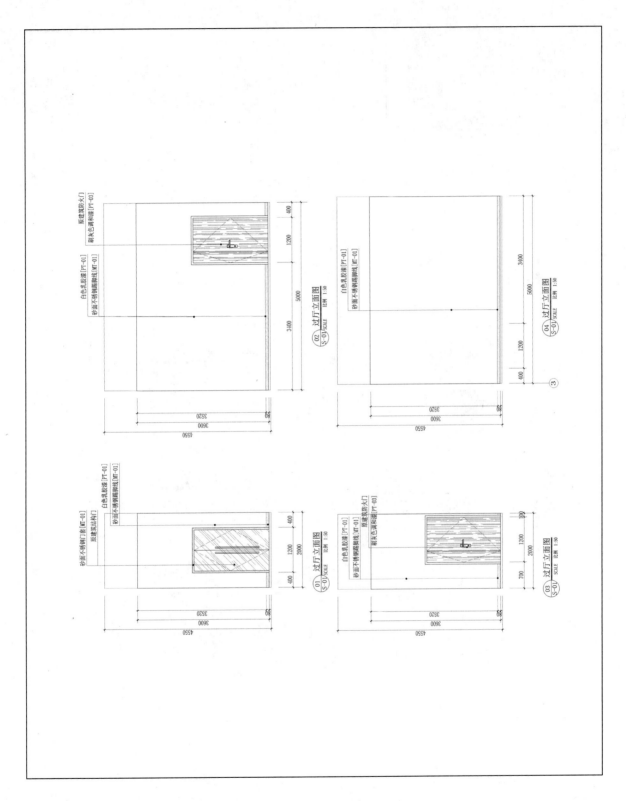

图 7-17 过厅立面图

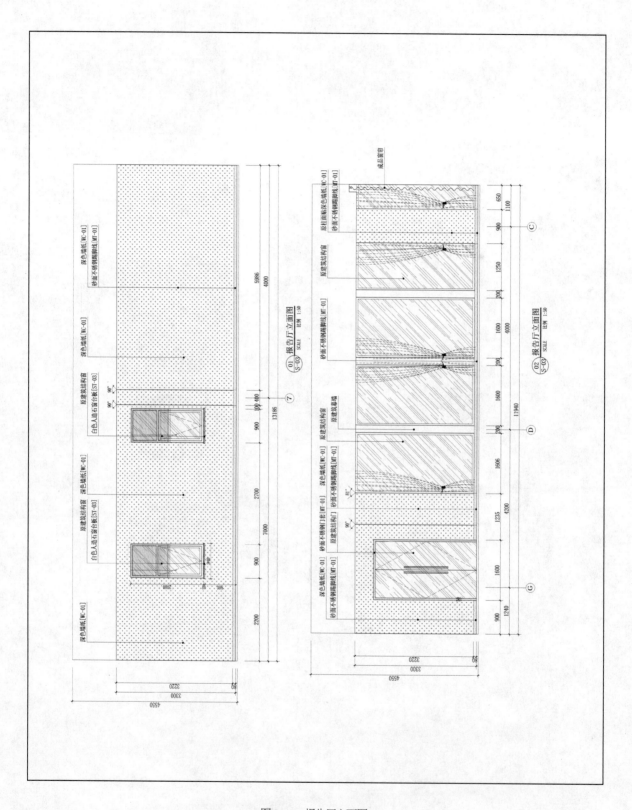

图 7-18 报告厅立面图

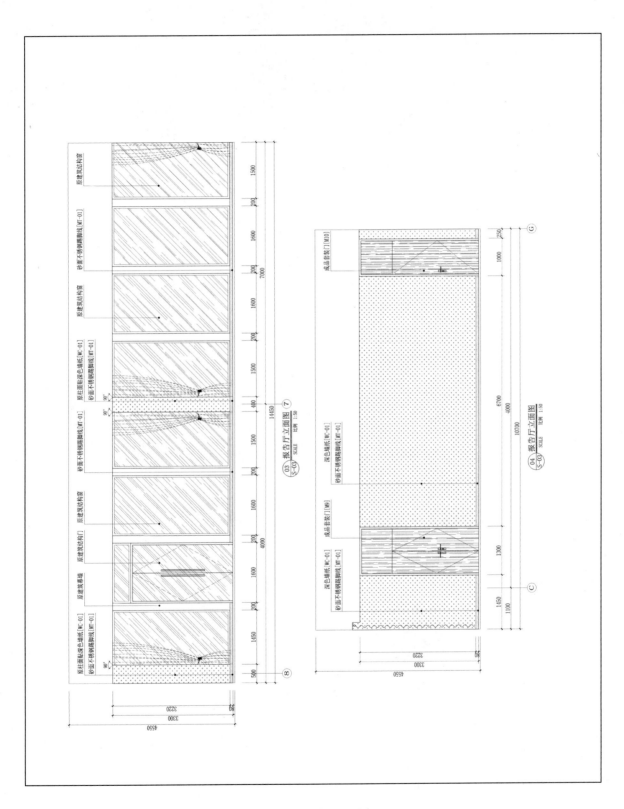

图 7-19　报告厅立面图

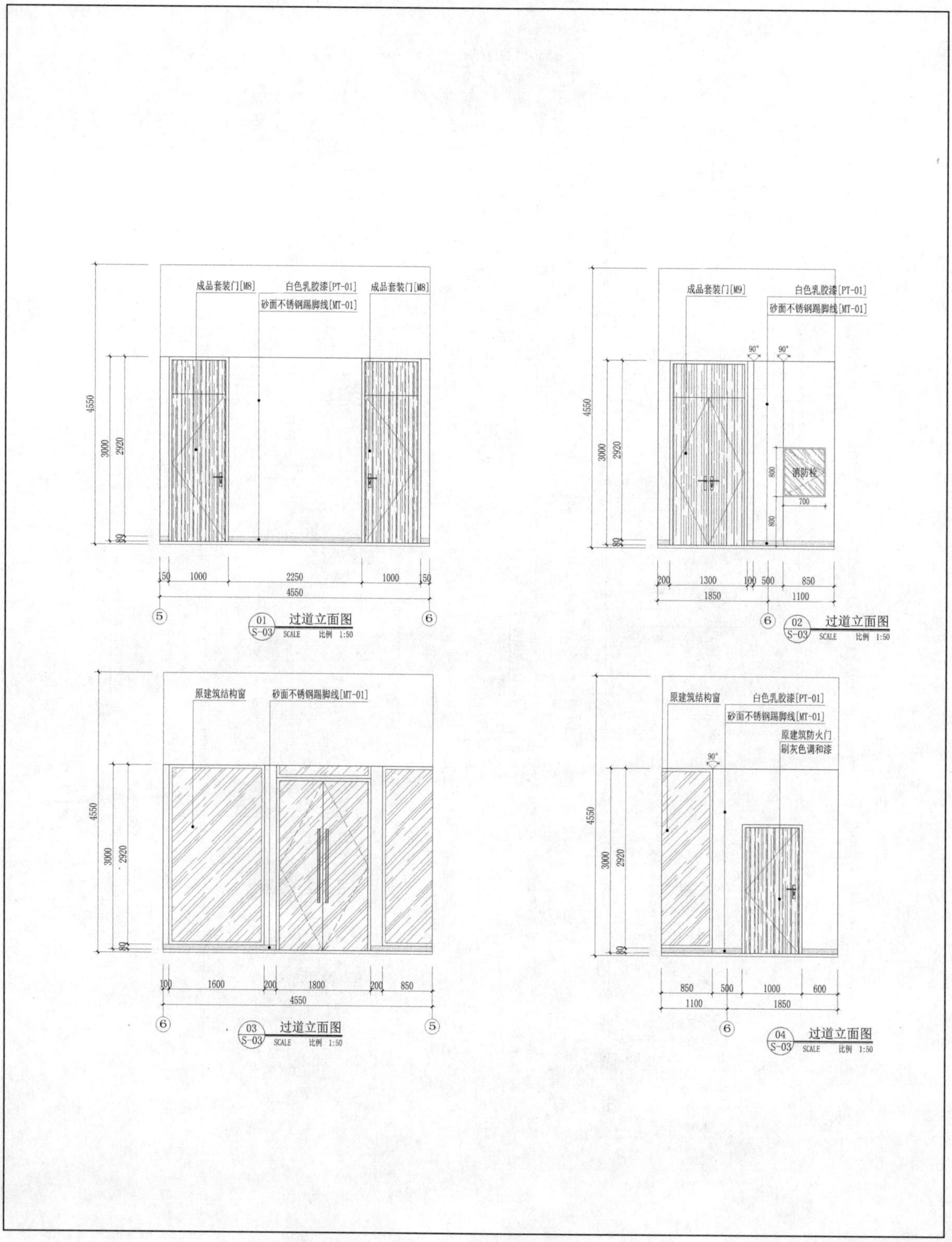

成品套装门[M8]　白色乳胶漆[PT-01]　成品套装门[M8]

砂面不锈钢踢脚线[MT-01]

4550
3000
2920
80

150　1000　2250　1000　150
4550

⑤
⑥
01　过道立面图
S-03　SCALE　比例 1:50

成品套装门[M9]　白色乳胶漆[PT-01]

砂面不锈钢踢脚线[MT-01]

90°　90°

4550
3000
2920
800
消防栓
700
800
80

200　1300　100　500　850
1850　1100

⑥
02　过道立面图
S-03　SCALE　比例 1:50

原建筑结构窗　砂面不锈钢踢脚线[MT-01]

4550
3000
2920
80

100　1600　200　1800　200　850
4550

⑥
⑤
03　过道立面图
S-03　SCALE　比例 1:50

原建筑结构窗　白色乳胶漆[PT-01]

砂面不锈钢踢脚线[MT-01]

原建筑防火门
刷灰色调和漆

90°

4550
3000
2920
80

850　500　1000　600
1100　1850

⑥
04　过道立面图
S-03　SCALE　比例 1:50

图 7-20　过道立面图

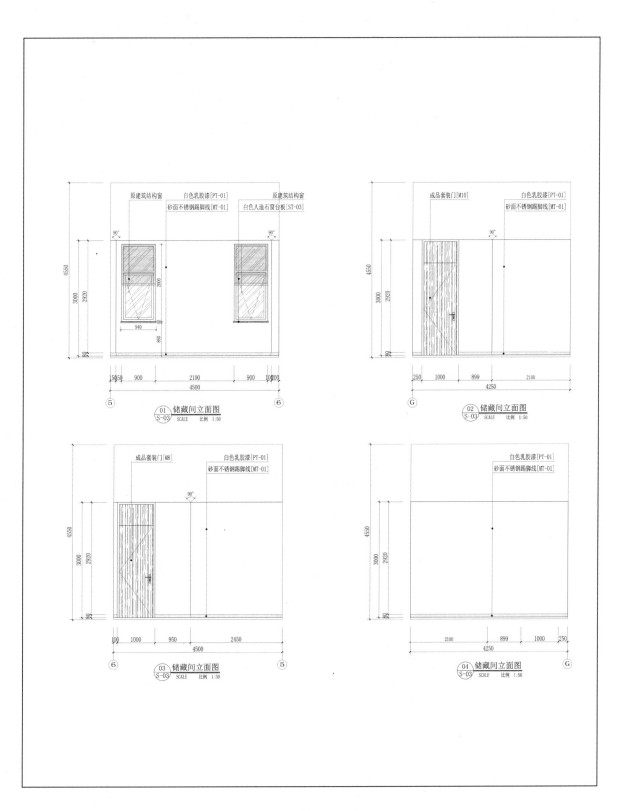

图 7-21　储物间立面图

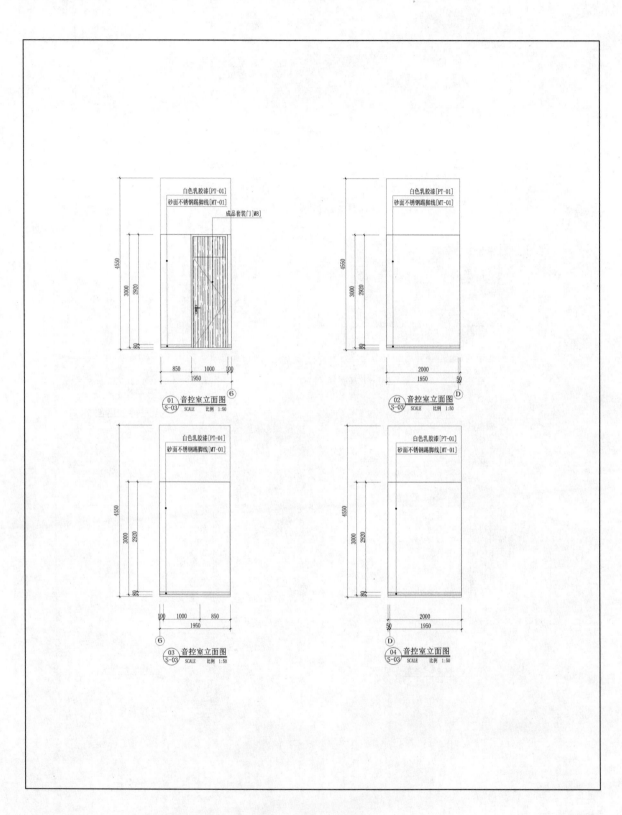

图 7-22　音控室立面图

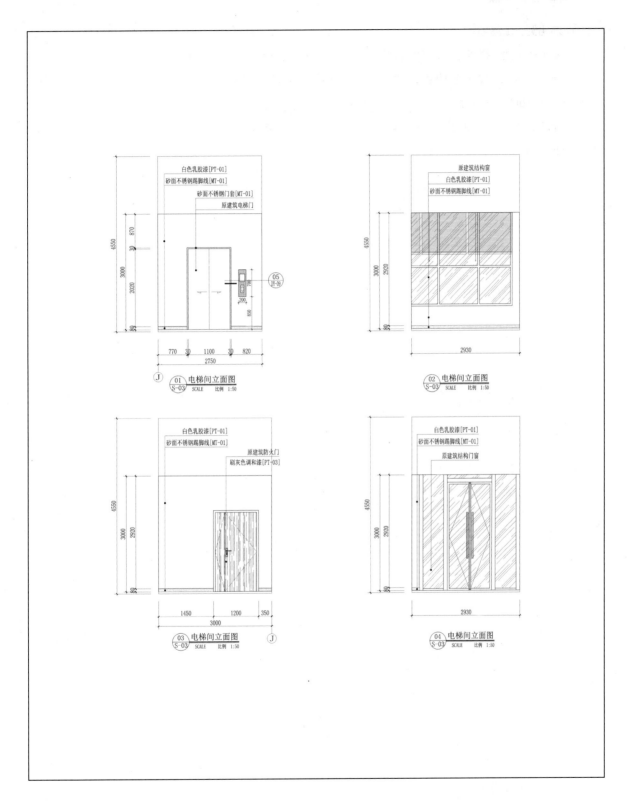

图7-23 电梯间立面图

7.4.2 绘制步骤

① 选比例、定图幅。

② 画出楼地面、楼盖结构、墙柱面的轮廓线（有时还需画出墙柱的定位轴线）。

③ 画出墙柱面的主要造型轮廓。画出上方顶棚的剖面线和可见轮廓（比例 ≤ 1 ：50 时顶棚轮廓可用单线表示），如图 7-8 所示。

④ 检查并加深、加粗图线。其中室内周边墙柱。楼板等结构轮廓用粗实线，顶棚剖面线用粗实线，墙柱面造型轮廓用中实线，造型内的装饰及分格线以及其他可见线用细实线，如图 7-10 所示。

7.5 办公室内装饰装修剖面图与详图

7.5.1 装饰剖面图与详图实例

如图 7-24 至图 7-37 所示。

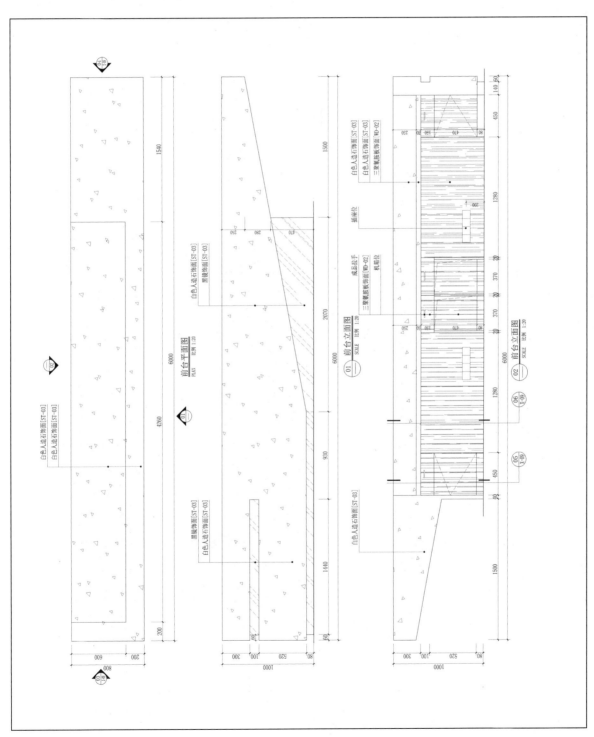

图 7-24

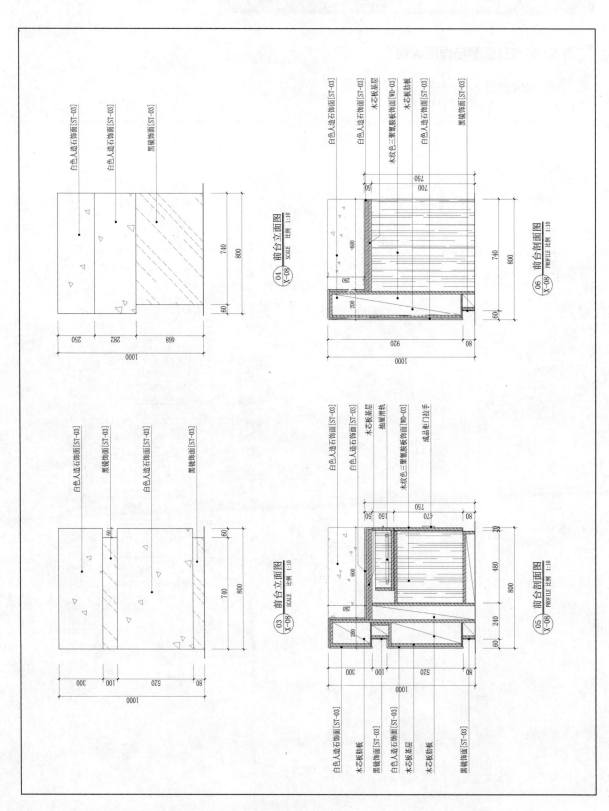

图 7-25

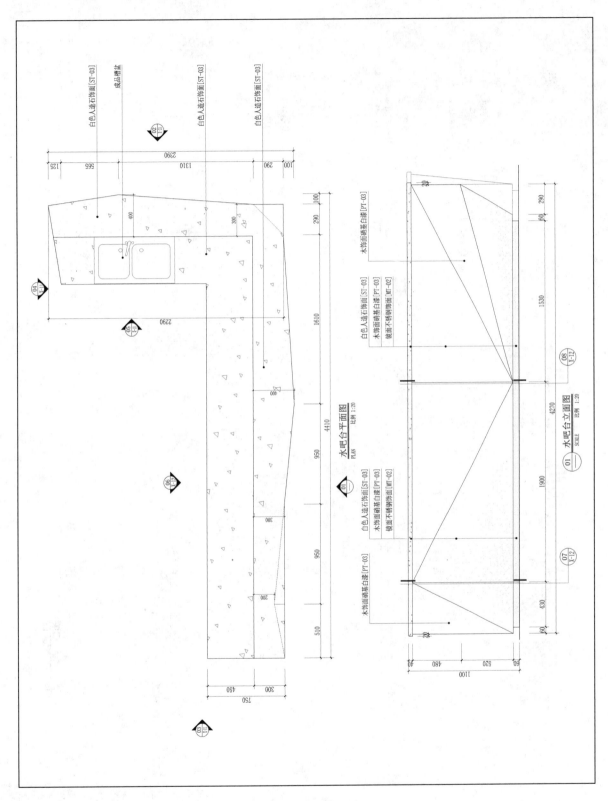

图 7-26

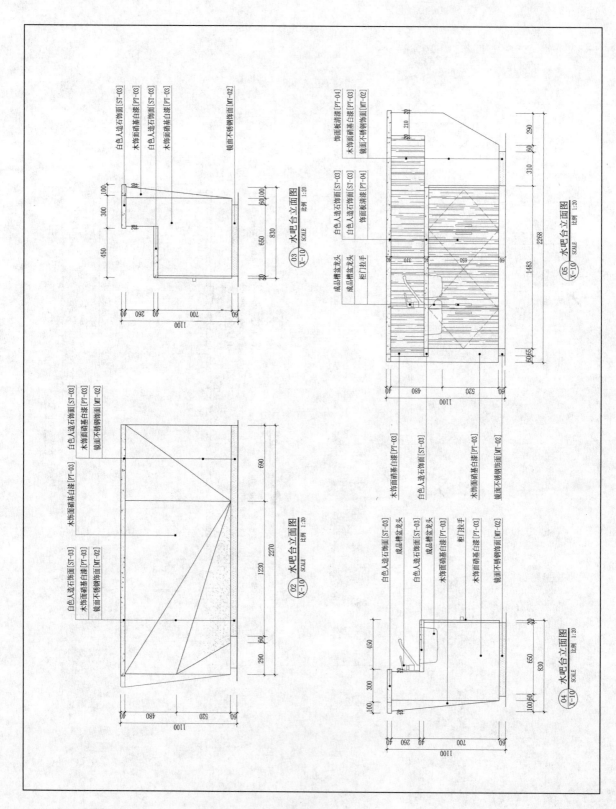

图 7-27

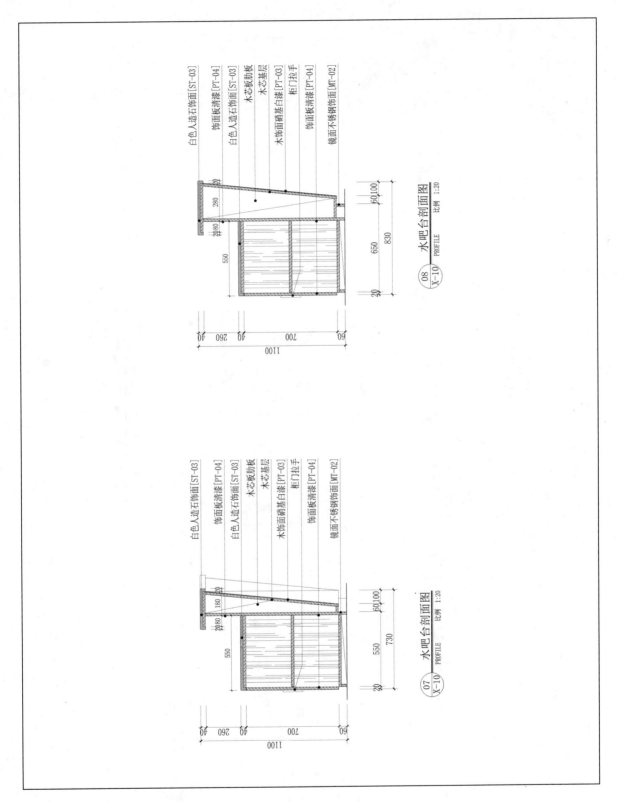

图7-28

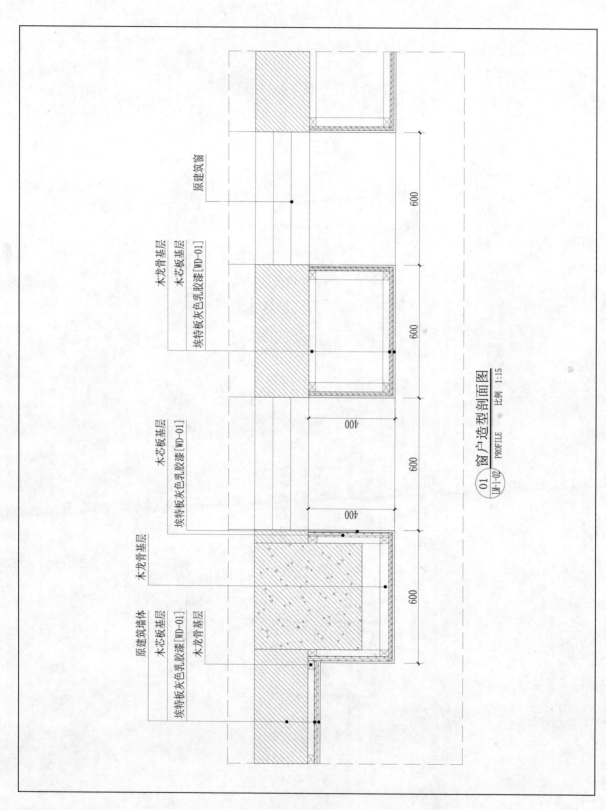

图 7-29

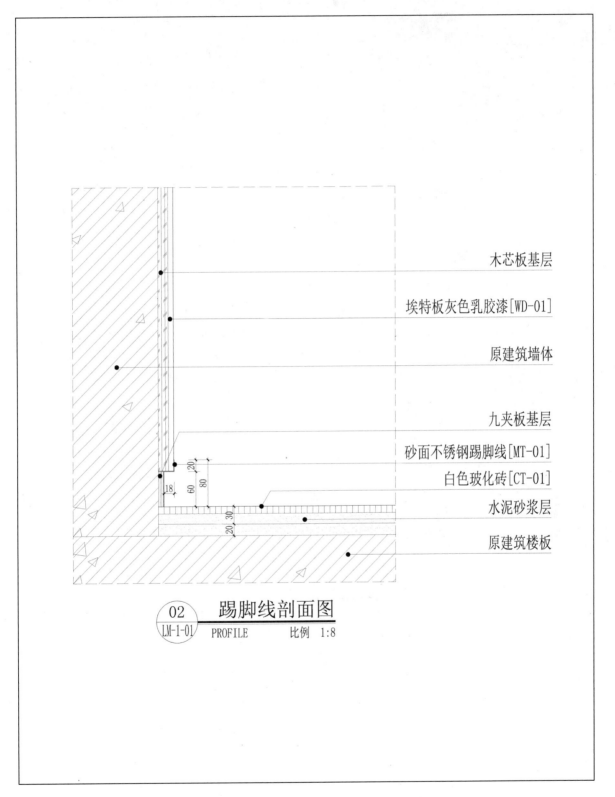

木芯板基层

埃特板灰色乳胶漆［WD-01］

原建筑墙体

九夹板基层

砂面不锈钢踢脚线［MT-01］

白色玻化砖［CT-01］

水泥砂浆层

原建筑楼板

02　**踢脚线剖面图**
LM-1-01　PROFILE　　比例　1:8

图 7-30

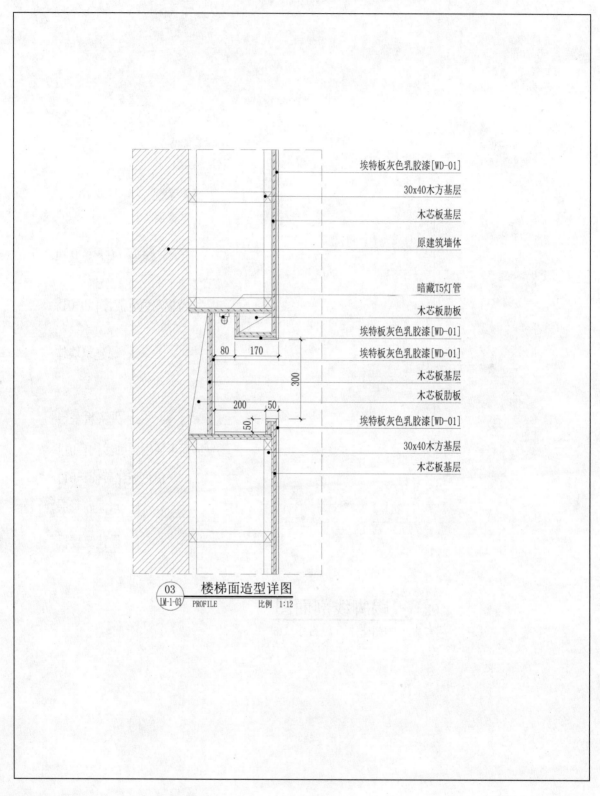

埃特板灰色乳胶漆[WD-01]

30x40木方基层

木芯板基层

原建筑墙体

暗藏T5灯管

木芯板肋板

埃特板灰色乳胶漆[WD-01]

埃特板灰色乳胶漆[WD-01]

木芯板基层

木芯板肋板

埃特板灰色乳胶漆[WD-01]

30x40木方基层

木芯板基层

80 170

300

200 50

50

03 楼梯面造型详图
LM-1-03 PROFILE 比例 1:12

图7-31

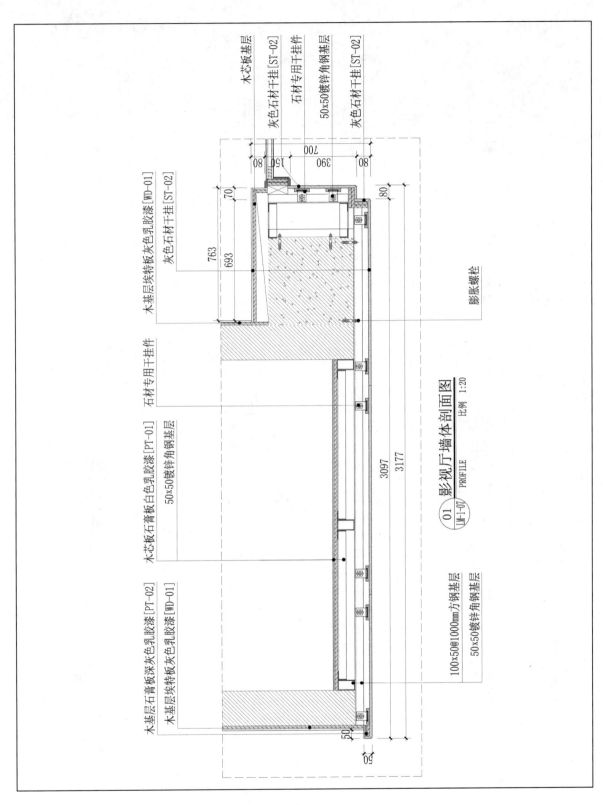

图 7-32

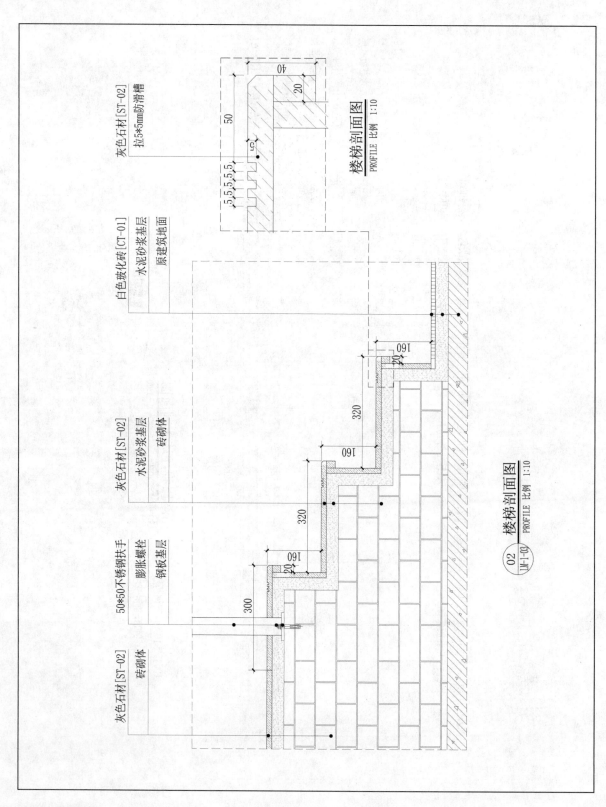

图 7-33

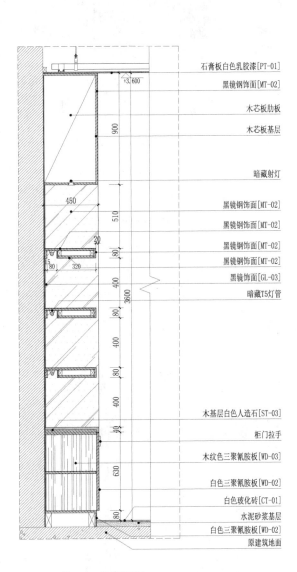

石膏板白色乳胶漆[PT-01]

黑镜钢饰面[MT-02]

木芯板肋板

木芯板基层

暗藏射灯

黑镜钢饰面[MT-02]

黑镜钢饰面[MT-02]

黑镜钢饰面[MT-02]

黑镜钢饰面[MT-02]

黑镜饰面[GL-03]

暗藏T5灯管

木基层白色人造石[ST-03]

柜门拉手

木纹色三聚氰胺板[WD-03]

白色三聚氰胺板[WD-02]

白色玻化砖[CT-01]

水泥砂浆基层

白色三聚氰胺板[WD-02]

原建筑地面

03 / LM-1-08　水吧柜剖面图
PROFILE　比例 1:20

图 7-34

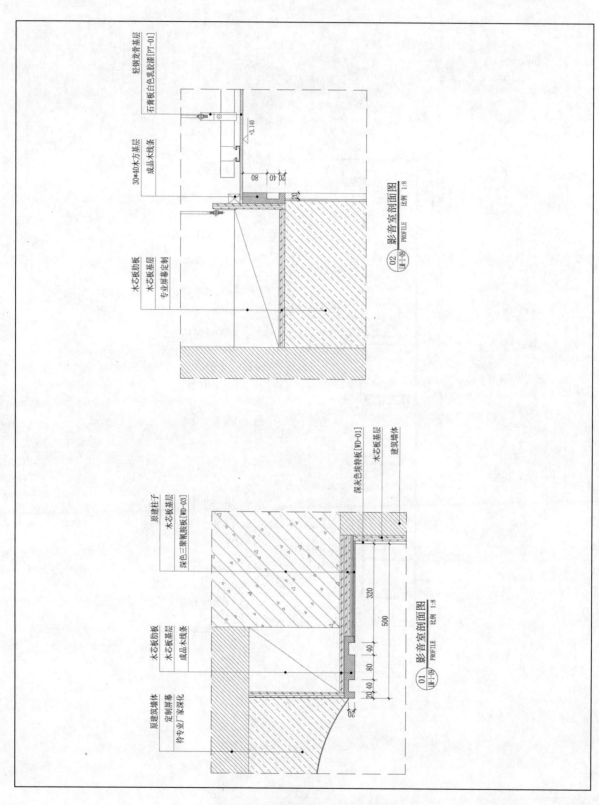

图 7-35

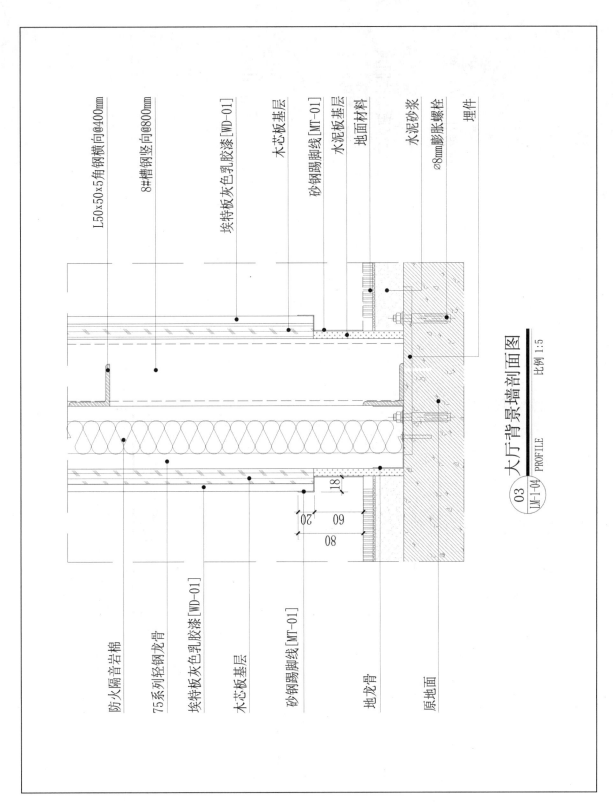

L50x50x5角钢横向@400mm
8#槽钢竖向@800mm
埃特板灰色乳胶漆[WD-01]
木芯板基层
砂钢踢脚线[MT-01]
水泥板基层
地面材料
水泥砂浆
∅8mm膨胀螺栓
埋件

防火隔音岩棉
75系列轻钢龙骨
埃特板灰色乳胶漆[WD-01]
木芯板基层
砂钢踢脚线[MT-01]
地龙骨
原地面

18
20
60
80

03　大厅背景墙剖面图
LM-1-04　PROFILE
比例 1:5

图7-36

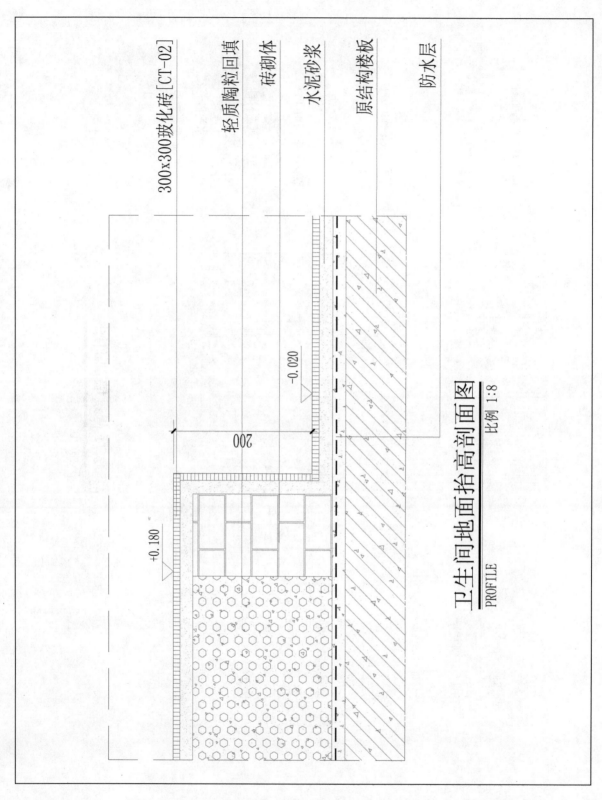

300x300玻化砖 [CT-02]

轻质陶粒回填

砖砌体

水泥砂浆

原结构楼板

防水层

-0.020

200

+0.180

卫生间地面抬高剖面图
PROFILE

比例 1:8

图 7-37

7.5.2 装饰剖面图与详图的绘制

装饰装修详图的画法

现以门的装饰装修详图为例说明其作图步骤。

① 选比例、定图幅。

② 画墙（柱）的结构轮廓。

③ 画出门套、门扇等装饰装修形体轮廓。

④ 详细画出各部位的构造层次及材料图例。

⑤ 检查并加深、加粗图线。剖切到的结构体用粗实线，各装饰装修构造层用中实线，其他内容如图例、符号和可见线均为细实线。

⑥ 标注尺寸、做法及工艺说明。

⑦ 完成作图。

参考文献

[1] 高远. 建筑装饰制图与识图 [M]. 北京：机械工业出版社，2015.

[2] 沈百禄. 建筑装饰装修工程制图与识图 [M]. 北京：机械工业出版社，2010.

[3] 武峰，尤逸南. CAD 室内设计施工图常用图块 [M]. 北京：中国建筑工业出版社，2002.

[4] 刘更. 室内装饰工程制图 [M]. 北京：中国轻工业出版社，2001.

[5] 颜金樵. 工程制图 [M]. 北京：高等教育出版社，2000.

[6] 何斌，陈锦昌，陈炽坤. 建筑制图 [M]. 北京：高等教育出版社，2001.

[7] 刘林，邓学雄，黎龙，建筑制图与室内设计制图 [M]. 广州：华南理工大学出版社，2000.

[8] 曹宝新，齐群. 画法几何及土建制图 [M]. 北京：中国建材工业出版社，2012.

[9] 顾世权. 建筑装饰制图 [M]. 北京：中国建筑工业出版社，2000.

[10] 徐长玉. 装饰工程制图与识图 [M]. 北京：机械工业出版社，2005.

[11] 杨月英，施国盘. 建筑制图与识图 [M]. 北京：中国建材工业出版社，2007.

[12] 张寅，蔡红，彭晓燕等. 建筑装饰制图 [M]. 北京：中国水利水电出版，2006.

[13] 陈国瑞. 建筑制图与 Auto CAD [M]. 北京：化学工业出版社，2004.

[14] 吴雪梅. 建筑阴影与透视 [M]. 哈尔滨：哈尔滨工业大学出版社，2005.

[15] 邓背阶，陶涛，孙德彬. 家具设计与开发 [M]. 北京：化学工业出版社，2006.

图书在版编目（CIP）数据

建筑装饰与工程制图 / 张宏玉, 李松主编.—合肥:合肥工业大学出版社, 2017.4
ISBN 978-7-5650-3347-6

Ⅰ.①建… Ⅱ.①张… ②李… Ⅲ.①建筑装饰 – 建筑制图 – 高等职业教育 – 教材 Ⅳ.①TU238

中国版本图书馆CIP数据核字（2017）第101085号

建 筑 装 饰 与 工 程 制 图

主　　编：张宏玉　李　松
责任编辑：袁　媛
书　　名：普通高等教育应用技术型院校艺术设计类专业规划教材——建筑装饰与工程制图
出　　版：合肥工业大学出版社
地　　址：合肥市屯溪路193号
邮　　编：230009
网　　址：www.hfutpress.com.cn
发　　行：全国新华书店
印　　刷：安徽联众印刷有限公司
开　　本：889mm×1194mm　1/16
印　　张：10.5
字　　数：290千字
版　　次：2017年8月第1版
印　　次：2017年8月第1次印刷
标准书号：ISBN 978-7-5650-3347-6
定　　价：42.00元
发行部电话：0551-62903188